Wolfgang Stegmüller

Probleme und Resultate der Wissenschaftstheorie
und Analytischen Philosophie, Band II
Theorie und Erfahrung

Studienausgabe, Teil B

Wissenschaftssprache, Signifikanz und theoretische Begriffe

Das Problem der empirischen Signifikanz
Motive für die Zweistufentheorie der Wissenschaftssprache
Dispositionsprädikate und metrische Begriffe
Die Reichenbach-Nagel-Diskussion über die Grundlagen der Quantenmechanik
Die Braithwaite-Ramsey-Vermutung

Springer-Verlag Berlin · Heidelberg · New York 1970

Professor Dr. WOLFGANG STEGMÜLLER
Philosophisches Seminar II
der Universität München

Dieser Band enthält die Kapitel III und IV der unter dem Titel „Probleme und Resultate der Wissenschaftstheorie und Analytischen Philosophie, Band II, Theorie und Erfahrung" erschienenen gebundenen Gesamtausgabe.

ISBN 3-540-05020-5 broschierte Studienausgabe Teil B
Springer-Verlag Berlin Heidelberg New York

ISBN 0-387-05020-5 soft cover (Student edition) Part B
Springer-Verlag New York Heidelberg Berlin

ISBN 3-540-06692-6 gebundene Gesamtausgabe
Springer-Verlag Berlin Heidelberg New York

ISBN 0-387-06692-6 hard cover
Springer-Verlag New York Heidelberg Berlin

Das Werk ist urheberrechtlich geschützt. Die dadurch begründeten Rechte, insbesondere die der Übersetzung, des Nachdruckes, der Entnahme von Abbildungen, der Funksendung, der Wiedergabe auf photomechanischem oder ähnlichem Wege und der Speicherung in Datenverarbeitungsanlagen bleiben, auch bei nur auszugsweiser Verwertung, vorbehalten. Bei Vervielfältigungen für gewerbliche Zwecke ist gemäß § 54 UrhG eine Vergütung an den Verlag zu zahlen, deren Höhe mit dem Verlag zu vereinbaren ist. © by Springer-Verlag Berlin · Heidelberg 1970. Library of Congress Catalog Card Number 73-77476. Printed in Germany. Offsetdruck: fotokop wilhelm weihert KG, Darmstadt

2142/3140-54321

Inhaltsverzeichnis

Von der gebundenen Gesamtausgabe des Bandes „Probleme und Resultate der Wissenschaftstheorie und Analytischen Philosophie, Band II, Theorie und Erfahrung", sind folgende weiteren Teilbände erschienen:

Studienausgabe Teil A: Erfahrung, Festsetzung, Hypothese und Einfachheit in der wissenschaftlichen Begriffs- und Theorienbildung.

Studienausgabe Teil C: Beobachtungssprache, theoretische Sprache und die partielle Deutung von Theorien.

Teil B

Wissenschaftssprache, Signifikanz und theoretische Begriffe

Kapitel III

Das Problem der empirischen Signifikanz

1. Das Problem

1.a Die Grundüberzeugung der empiristischen Philosophen kann man in knappen Worten folgendermaßen schildern: *Alle sinnvollen wissenschaftlichen Aussagen lassen sich erschöpfend in zwei einander nicht überschneidende Klassen aufteilen.* Die erste Klasse enthält jene Aussagen, *deren Wahrheitswert auf Grund einer bloßen Bedeutungsanalyse ermittelt werden kann.* Dazu gehören zunächst die rein *formal-logischen Wahrheiten* sowie die *formal-logischen Falschheiten*, d. h. jene Sätze, deren Wahrheit oder Falschheit bereits durch die Bedeutungen der logischen Zeichen (Junktoren, Quantoren) festgelegt ist. Ferner sind dazuzurechnen die *analytischen Wahrheiten* sowie die *analytischen Falschheiten.* Dies sind die logischen Folgerungen solcher Aussagen, in denen die Bedeutungsrelationen deskriptiver Ausdrücke festgehalten werden (sog. *Bedeutungs-* oder *Analytizitätspostulate*) sowie deren Negationen. Alle diese Aussagen bilden zusammen die umfassende Klasse der *analytisch determinierten Sätze.* Diese bilden somit die erste der beiden großen Klassen von Aussagen.

Die zweite Klasse besteht aus den *nicht analytisch determinierten* oder *synthetischen Aussagen.* Der Versuch, den Wahrheitswert solcher Aussagen zu ermitteln, muß sich stets auf *Erfahrung* stützen. Die Wahrheit synthetischer Aussagen fällt daher nach dieser Auffassung zusammen mit empirischer Wahrheit, die Falschheit solcher Aussagen mit empirischer Falschheit. Aus diesem Grund ist es gerechtfertigt, die synthetischen Aussagen mit den empirisch determinierten zu identifizieren. Das folgende einfache Bild möge zur Veranschaulichung dieser Position dienen; die gerade Strecke versinnbildliche dabei die Klasse aller sinnvollen wissenschaftlichen Aussagen.

wahr — falsch

formal-logisch wahr — analytisch nicht determiniert = synthetisch = empirisch determiniert — formal-logisch falsch

analytisch wahr — analytisch falsch

analytisch wahr + analytisch falsch
= analytisch determiniert

Hierbei ist vor allem darauf aufmerksam zu machen, daß die *empiristische Grundthese* aus zwei vollkommen heterogenen Teilthesen besteht, die daher auch ganz unabhängig voneinander erörtert werden können. Die *erste Teilthese* besagt, daß alle sinnvollen Aussagen entweder analytisch determiniert oder synthetisch sind und daß die Klasse der analytisch determinierten Sätze gegenüber jedem Wandel der Erfahrungen immun ist: Was immer neue Entdeckungen, neue Beobachtungen und neue Experimente lehren mögen, die analytischen Wahrheiten und analytischen Falschheiten können davon nicht betroffen werden; ihre Wahrheit beruht allein auf *linguistischen Konventionen*. Ein Anwachsen der Erfahrung kann ausschließlich dazu führen, gewisse synthetische Aussagen, die wir bislang irrtümlich für wahr hielten, preiszugeben, oder andere synthetische Aussagen, die wir bisher entweder für falsch hielten oder gar nicht in Erwägung zogen oder über deren Wahrheitswert wir im Ungewissen waren, zu akzeptieren. Wir wollen diese erste Teilthese als *die These von der analytisch-synthetisch-Dichotomie* bezeichnen. Es ist dabei wichtig, folgendes zu beachten: Der entscheidende Punkt an dieser Teilthese ist nicht die Klassifikation der Aussagen in die analytischen und die synthetischen, sondern die darin stekkende implizite Behauptung, *daß die analytisch determinierten Sätze auf Grund neuer Erfahrungen keiner Revision unterzogen werden müssen.*

Bereits diese erste Teilthese hat zu heftigen philosophischen Kontroversen geführt, welche durch die Argumente QUINEs gegen diese Unterscheidung ausgelöst worden sind. Seine Gegenthese besteht, grob gesprochen, darin, daß keinerlei Aussagen von möglicher Revision auf Grund neuer Erfahrungen ausgenommen werden sollten[1] und daß die gegenteilige Einstellung der empiristischen Philosophen einen unbegründeten Dogmatismus darstelle. An dieser Stelle wollen wir auf die Frage der analytisch-synthetisch-Dichotomie nicht eingehen und die Klassifikation der Aussagen in die analytischen und die synthetischen als gegeben voraussetzen. Wie diese Unterscheidung in der sog. *Beobachtungssprache* durchgeführt werden kann, wird in einem späteren Abschnitt dieses Kapitels erörtert werden. CARNAPs Vorschlag, die analytisch-synthetisch-Dichotomie sogar in die sogenannte *theoretische Sprache* einzuführen, soll hingegen erst an viel späterer Stelle, nämlich in VII, 6 diskutiert werden. Um die dortige Problematik überhaupt zu verstehen, müssen die Motive für die Einführung *theoretischer Begriffe*, die keiner vollständigen empirischen Deutung fähig sind, und damit die Gründe für die Einführung einer *theoretischen Sprache* oberhalb der empirischen Grundsprache sorgfältig diskutiert werden. Dies soll in den folgenden Kapiteln geschehen.

---

[1] Für eine ausführliche Schilderung des Disputes zwischen CARNAP und QUINE über diese Frage vgl. STEGMÜLLER, [Semantik], S. 291ff., sowie CARNAP, [Carnap], S. 385ff., S. 407ff., S. 915ff., 922ff.

1.b Dagegen werden wir uns hier ausschließlich auf die *zweite Teilthese* der empiristischen Grundthese konzentrieren, welche besagt, *daß die Wahrheit oder Falschheit synthetischer Aussagen nur auf empirischem Wege festgestellt werden kann.* Aufgabe des sogenannten *empiristischen Signifikanzkriteriums* ist es, diese zunächst noch sehr ungenaue Formulierung zu präzisieren. Die leitende intuitive Idee dürfte jedoch klar sein. Man kann sie ungefähr in folgendem Gedanken aussprechen: *Durch reines Nachdenken allein lassen sich keine Wahrheiten über die reale Welt ermitteln, wie groß auch der dabei aufgewendete Scharfsinn sein mag.* Zwar ist es richtig, daß geistige Aktivitäten, wie schöpferische Phantasie, logische Kombinationsfähigkeit, Zusammenschau und sogar logische Deduktionen zu brauchbaren Hypothesen führen können. Doch die *Kontrolle* dieser hypothetischen Annahmen kann nur auf *empirischem Wege* und *nicht* durch reine *Apriori-Betrachtungen* erfolgen.

Bereits diese rohe und approximative Charakterisierung des empiristischen Standpunktes dürfte genügen, um eines deutlich zu machen, *nämlich daß diese zweite Teilthese eine starke polemische Komponente enthält, die sich gegen sämtliche Varianten traditioneller und moderner Metaphysik richtet.* Denn alle metaphysischen Systeme erheben ausdrücklich oder vielleicht nur versteckt — und dem Urheber des Systems nicht einmal bewußt — den Anspruch, zu einer Realerkenntnis a priori gelangen zu können. *Jede derartige Form von apriorischem Realwissen* — sei es die Erkenntnis transzendenter Dinge (Gott, Seele), wie sie von den Scholastikern und rationalen Metaphysikern beansprucht wurde, sei es die Einsicht in weltgeschichtliche Prozesse, wie sie HEGEL und MARX gewinnen zu können glaubten, sei es das Wissen um die eigentliche Wesensnatur des Menschen, zu dem die Existentialontologen gelangen zu können vermeinen — *wird vom Empiristen kategorisch geleugnet.*

Leider hat diese polemische Komponente in der zweiten Teilthese den Diskussionen über den Empirismus viel mehr geschadet als genützt. Nicht erst seit den Zeiten des Wiener Kreises, sondern bereits seit J. LOCKEs Angriff gegen die „innate ideas" verschmolzen ständig *zwei Aspekte* des philosophischen Empirismus in unklarer und unglückseliger Weise: der *Aspekt der Klärung* und der *Aspekt des Angriffs.* Unter dem Aspekt der Klärung verstehe ich die Bemühungen aller sich selbst als Empiristen bezeichnenden Philosophen — grob gesprochen wieder: von J. LOCKE bis zu R. CARNAP —, *uns ein deutliches Bild von der Natur der erfahrungswissenschaftlichen Erkenntnis zu vermitteln.* Unter dem Aspekt des Angriffs verstehe ich die Bemühungen des größeren Teils derselben Philosophen, *uns von der Sinnlosigkeit der Metaphysik zu überzeugen.* Es war das Verdienst von K. POPPER, das Problem nur mehr unter dem ersten Aspekt zu diskutieren. Das gesuchte Kriterium bildet dann nicht mehr eine *Angriffswaffe* gegen jede Art von Tätigkeit, die diesem Kriterium nicht mehr genügt, sondern ein *Abgrenzungskriterium* zwischen empirischer und nichtempirischer Forschung, wobei es vollkommen dahingestellt bleiben kann, ob es sich bei der letzteren um eine pseudowissenschaftliche Tätigkeit handelt oder nicht.

Diese Grundeinstellung wollen wir uns auch für die folgenden Erörterungen zu eigen machen. Sie läßt sich vierfach motivieren: Erstens wird nur dadurch eine Parallelisierung zwischen der Erörterung der ersten und der zweiten Teilthese erreicht. So wie es bei der ersten Teilthese darum geht, das logisch-analytische Wissen vom Erfahrungswissen *abzugrenzen*, geht es jetzt darum, das Erfahrungswissen vom nichtempirischen Realwissen *abzugrenzen*. Zweitens braucht man, wie N. GOODMAN treffend bemerkt hat, für den Nachweis der Sinnlosigkeit einer *bestimmten* philosophischen Fragestellung, einer *bestimmten* philosophischen These oder einer *bestimmten*, aber doch umfangreicheren philosophischen Diskussion keine *allgemeine* „philosophische Theorie der Sinnlosigkeit“[2]. Drittens sollte es einem eigentlich von vornherein klar sein, daß das Ziel nicht erreichbar ist: Die Präzisierung der empiristischen Einstellung muß ihren Niederschlag finden in einem Kriterium der *empirischen Signifikanz*, welches das empirisch Zulässige vom Unzulässigen absondert. Wird dabei „empirisch unzulässig“ als „wissenschaftlich sinnlos“ gedeutet, so braucht der Metaphysiker nichts weiter zu tun als diese Deutung abzulehnen oder, wenn er noch weiter gehen will, das Kriterium überhaupt nicht zu akzeptieren, um sich allen weiteren Angriffen zu entziehen. Und Motive dafür, das Kriterium *nicht* anzunehmen, werden sich immer finden lassen. Viertens aber wird durch die Polemik *unnötige Energie* verschwendet: Statt seine Aufmerksamkeit darauf konzentrieren zu können, die empirische Erkenntnis zu analysieren, muß man sich überdies ständig mit Leuten herumstreiten, die an etwas ganz anderem interessiert sind als an Erfahrungswissen. Dies erscheint mir nicht als vernünftig.

Anmerkung. Ein konditionales „Zugeständnis a priori“ muß man dem Empiristen allerdings machen: Falls nämlich der Empirist imstande wäre, die erste Teilthese (wonach alle wissenschaftlichen Aussagen analytisch determiniert oder synthetisch sind) zwingend zu *begründen* und auch für die zweite Teilthese (wonach alle synthetischen Aussagen empirisch determiniert sind) eine zwingende *Begründung* zu liefern, *hätte er auch seine Behauptung begründet, daß alle weder analytisch noch empirisch determinierten Aussagen unwissenschaftlich sind.* Denn diese Behauptung ist eine logische Folgerung der beiden Teilthesen.

Daß die Aussichten auf eine Begründbarkeit der ersten Teilthese gering sind, ist bereits angedeutet worden. Und was die zweite Teilthese betrifft, so soll in V, insbesondere Abschn. 13, versucht werden, die Skepsis gegenüber der Begründbarkeit dieser These zu begründen. Mit den obigen Bemerkungen ist diese Skepsis bis zu einem gewissen Grad antizipiert worden.

Eine zweite Unklarheit hat zumindest zu Beginn der neuzeitlichen Empirismus-Debatte die Diskussion belastet. Gemeint ist die Vermengung von Fragen der *syntaktischen* Zulässigkeit mit dem Problem der Zulässigkeit im *empiristischen* Sinn. Der erwähnte polemische Aspekt der Diskussion dürfte

---

[2] Auf diesen Punkt kommen wir nochmals ausführlich in V, 13 zu sprechen.

zumindest teilweise auch für diese Unklarheit verantwortlich zu machen sein. Rein terminologisch kommt die Vermengung schon darin zum Ausdruck, daß das Problem häufig als ein Problem der *kognitiven Signifikanz* formuliert worden ist.

Betrachten wir etwa die Aussage: „Romulus und Remus waren Primzahlzwillinge" (1). Frühere Empiristen wären geneigt gewesen, eine derartige Aussage zur „sinnlosen Metaphysik" zu rechnen. Was mit einer solchen kritischen Äußerung gemeint war, ist jedoch folgendes: „Die Äußerung (1) ist dem Anschein nach eine korrekt gebaute Aussage; keine Regel der deutschen Grammatik verbietet ihre Formulierung. In einer *präzisen Sprache* hingegen ist diese Wortkombination nicht zulässig". Hier steht etwas ganz anderes im Hintergrund, nämlich die vom früheren WITTGENSTEIN vertretene Auffassung von einer idealen, absolut präzisen formalen Sprache, deren *syntaktische Formbestimmungen* einen Satz von der Art (1) nicht zulassen würden. Auch hierzu ist sofort zweierlei zu sagen: Erstens hat die syntaktische Korrektheit mit dem Empirismusproblem *überhaupt nichts* zu tun. Die Frage, ob ein Ausdruck syntaktisch korrekt ist, muß bereits positiv beantwortet sein, *bevor* man das weitere Problem aufwirft, ob diese Aussage auch *empirisch zulässig* sei. *Eine Nichtaussage ist selbstverständlich a fortiori keine empirisch zulässige Aussage.* Zweitens beruht die obige Sinnlosigkeit auf einer *fiktiven* Voraussetzung, nämlich daß die Art und Weise, eine präzise formale Sprache aufzubauen, *eindeutig bestimmt* sei. Wie man heute weiß, bestehen hier demgegenüber zahlreiche voneinander abweichende Alternativmöglichkeiten. Wer den Satz (1) aus rein syntaktischen Gründen ausschließen möchte, denkt vermutlich an so etwas wie an einen *typentheoretischen Aufbau der Wissenschaftssprache.* Darin würden die beiden Namen „Romulus" und „Remus" keine zulässigen Einsetzungsbeispiele für Zahlenvariable bilden. In der logisch-mathematischen Grundlagenforschung hat es sich jedoch für die Diskussion vieler Probleme als zweckmäßig erwiesen, mit *typenfreien Systemen* zu arbeiten, etwa mit solchen Systemen, wie sie ZERMELO-FRAENKEL oder QUINE entworfen haben. Würde man derartige Sprachsysteme verwenden, um nicht nur eine mathematische Theorie, sondern auch eine erfahrungswissenschaftliche Theorie darin auszudrücken, *so wäre* (1) *eine syntaktisch zulässige Aussage.* Denn in all diesen Systemen gibt es nur einen einzigen Typus von Variablen und von Namen.

Nach der Meinung älterer Empiristen hätte die Zulassung von (1) als sinnvoll katastrophale Folgen für eine wissenschaftliche Philosophie. Eine solche Auffassung ist jedoch abwegig. (1) wäre, etwa in der Zermelo-Fraenkel-Sprache formuliert, zwar sinnvoll, aber deshalb selbstverständlich nicht richtig, sondern *eine offensichtlich falsche Behauptung.*

Dieser kurzen Betrachtung können wir drei Zwischenergebnisse entnehmen: Erstens haben wir erkannt, daß man mit einer Erörterung des Empirismus-Problems erst dann beginnen kann, wenn man sich über die

Struktur der Wissenschaftssprache Klarheit verschafft hat. *Im folgenden setzen wir stets voraus, daß bezüglich der syntaktischen Struktur dieser Sprache keine Unklarheiten mehr bestehen.* Zweitens halten wir fest, daß es *nicht nur eine* Form gibt, eine Sprache aufzubauen, sondern daß wir die Wahl zwischen verschiedenen Formen haben. Drittens hat uns das Beispiel (1) gezeigt, daß alltägliche Aussagen, deren Wiedergabe in der einen präzisierten Sprachform überhaupt nicht möglich ist, da sich dort syntaktisch „sinnlose", d. h. gegen die Syntaxregeln verstoßende Zeichenkombinationen ergäben, in einer anderen formalen Sprache zulässige, aber falsche Aussagen liefern. Die Frage: „Ist (1) sinnlos oder falsch?" ist daher *an sich* überhaupt nicht entscheidbar, sondern erst entscheidbar, wenn man die syntaktischen Formbestimmungen fixiert hat.

Da das Empirismusproblem somit unabhängig ist vom Problem der syntaktischen Struktur der Wissenschaftssprache, gehen wir auf das letztere überhaupt nicht weiter ein. Vielmehr setzen wir stillschweigend voraus, daß die eine oder andere Wahl syntaktischer Regeln erfolgt sei. Wo im Verlauf der Analyse bestimmte Annahmen über die Sprachstruktur gemacht werden, soll dies stets ausdrücklich gesagt werden.

1.c Man kann im Verlauf der Empirismus-Diskussion schematisch drei Stadien voneinander unterscheiden. In allen drei Stadien wurden ausdrücklich oder unausdrücklich zwei Voraussetzungen gemacht („empirisch signifikant" und „empirisch sinnvoll" benützen wir dabei als gleichbedeutende Ausdrücke):

(I) Die Klasse der empirisch signifikanten Sätze ist eine *echte* Teilklasse der Klasse der syntaktisch zulässigen — oder wie man auch sagt: der syntaktisch wohlgeformten — Sätze.

(II) Eine synthetische Aussage ist genau dann empirisch signifikant, wenn sie *entweder wahr oder falsch* ist.

Die Voraussetzung (I) ergibt sich daraus, daß die Forderung nach einem Signifikanzkriterium überflüssig würde, wenn *alle* syntaktisch zulässigen Aussagen auch als empirisch sinnvoll bezeichnet werden dürften. Nach Auffassung der Empiristen ist dies aber nicht der Fall. Die Voraussetzung (II) resultiert aus der Überlegung, daß einerseits eine synthetische Aussage nur dann einen Wahrheitswert besitzen kann, wenn sie sinnvoll ist, und daß andererseits jede sinnvolle Aussage einen Wahrheitswert besitzen muß, mag es auch der Fall sein, daß wir nicht imstande sind, diesen Wahrheitswert definitiv zu ermitteln.

Die einzelnen Stadien in der Diskussion unterscheiden sich dadurch, daß zu (I) und (II) eine jeweils andersartige dritte These hinzugefügt wird. Im *ersten Stadium* wird zunächst eine bestimmte Klasse sinnvoller Aussagen ausgewählt, nämlich die sogenannten *Beobachtungssätze*. In einem zweiten Schritt wird festgelegt, daß alle und nur jene synthetischen Aussagen empirisch signifikant sind, die zu den Beobachtungssätzen in einer genauer charakterisierten *Relation der deduktiven Logik R* stehen. Die verschiedenen Varianten des Signifikanzkriteriums unterscheiden sich in diesem ersten Stadium durch die Art der Relation R, auf welche man sich dabei stützt. Diese verschiedenen Varianten sollen im folgenden Abschnitt geschildert werden. Als variables Schema für die Charakterisierung des *ersten Stadiums* erhalten wir somit:

(III) *Relationale Kriterien der empirischen Signifikanz:*
Eine synthetische Aussage ist genau dann empirisch signifikant, wenn es Beobachtungssätze gibt, zu denen diese Aussage in der deduktiven Relation R steht.

Als man die Unzulänglichkeiten aller Versuche erkannt hatte, die unter das Schema (III) fallen, begann das *zweite Stadium* der Auseinandersetzungen. Es ist dadurch charakterisiert, daß darin mit dem Begriff der empiristischen Wissenschaftssprache operiert wird. Statt die empirische Signifikanz von Sätzen vom Bestehen deduktiver Relationen zwischen diesen Sätzen und geeigneten Beobachtungsaussagen abhängig zu machen, wird diese Signifikanz nur solchen Aussagen zuerkannt, die in eine empiristische Wissenschaftssprache L_E übersetzbar sind. So gelangte man dazu, (III) durch die folgende Bestimmung zu ersetzen:

(III_1) *Übersetzungskriterium der empirischen Signifikanz:*
Eine synthetische Aussage ist genau dann empirisch signifikant, wenn sie in eine empiristische Sprache L_E übersetzbar ist.

Mit diesem Kriterium beschäftigen wir uns in Abschn. 3.

Die in (III_1) zugrundegelegte Wissenschaftssprache wurde als eine *voll verständliche* Sprache betrachtet: Sowohl die Bedeutung der logischen Ausdrücke als auch die Bedeutung der Namen und Prädikate wurden als *vollständig interpretiert* vorausgesetzt. Zu den interessantesten Resultaten der modernen Wissenschaftstheorie gehört jedoch die Einsicht, daß wir in zunehmendem Maße genötigt sind, von Begriffen Gebrauch zu machen, die nicht vollständig interpretiert werden können, sondern für die wir nur über eine *partielle und indirekte Deutung* verfügen. Auf der einen Seite spielen in immer mehr Wissenschaften, z. B. in der modernen Physik, in der Biologie und Psychologie, derartige Begriffe eine zentrale Rolle. *Auf der anderen Seite passen sie überhaupt nicht in die Konzeption einer vollständig gedeuteten empiristischen Sprache L_E hinein.*

Es setzte sich daher allmählich eine Auffassung durch, welche wir die *Zweistufentheorie der Wissenschaftssprache* nennen wollen. Danach gibt es eine grundlegende, für sich verständliche Sprache, die für die Mitteilung von Beobachtungsergebnissen sowie für die Kommunikation zwischen Wissenschaftlern unentbehrlich ist: die *Beobachtungssprache L_B*. Dieser Beobachtungssprache überlagert sich eine *theoretische Sprache L_T*, deren Grundbegriffe keine für sich verständlichen Begriffe bilden. Durch sogenannte *Zuordnungsregeln Z*, welche sie mit Begriffen der Beobachtungssprache verbinden, erhalten sie zwar eine gewisse Deutung. Diese Deutung ist jedoch sehr unvollständig, was sich daran zeigt, daß die Sätze der theoretischen Sprache *nicht* in die Sätze der voll verständlichen Beobachtungssprache *übersetzbar* sind. Mit dieser Erkenntnis begann das *dritte Stadium* in der Empirismus-Diskussion.

Eine formale Präzisierung der Grundgedanken der Zweistufentheorie der Wissenschaftssprache hat erstmals CARNAP vorgenommen. Auf ihn geht auch der Vorschlag zurück, das Problem der empirischen Signifikanz in zwei Teilprobleme aufzusplittern: erstens in das Problem der Signifikanz von Sätzen, die in der Beobachtungssprache formuliert sind; und zweitens in das Problem der *Signifikanz theoretischer Sätze*, die sich nicht in die Sätze von L_B übersetzen lassen. Als Lösung für das erste Teilproblem wird ein analoger Vorschlag gemacht wie im zweiten Stadium, nur daß jetzt an die Stelle der empiristischen Gesamtsprache L_E eine in verschiedenen Hinsichten vereinfachte Beobachtungssprache L_B tritt. Für das zweite Teilproblem hat CARNAP ein eigenes Signifikanzkriterium entworfen, mit dem wir uns in V ausführlich befassen werden, nachdem in einem vorangehenden Kapitel die Motive behandelt worden sind, die für die Zweistufentheorie sprechen. Das dritte Stadium läßt sich somit schematisch folgendermaßen kennzeichnen:

(III_2) *Zweistufenkriterium der empirischen Signifikanz:*
- (a) Übersetzungskriterium der empirischen Signifikanz für die Beobachtungssprache;
- (b) Signifikanzkriterium für theoretische Sätze (CARNAPs Kriterium).

Wir nennen (III_2) (b) CARNAPs Kriterium, weil dieses das einzige ist, das bisher für Sätze der theoretischen Sprache vorgeschlagen worden ist.

Zum Unterschied vom Vorgehen der älteren Empiristen, die in erster Linie Kriterien dafür anzugeben versuchten, daß *Begriffe* („ideas") signifikant sind, waren die neuzeitlichen Versuche im ersten und zweiten Stadium dadurch gekennzeichnet, daß unmittelbar Kriterien für die empirische Zulässigkeit von *Sätzen* angegeben wurden. Erst das Carnapsche Kriterium für die theoretische Sprache stellt in gewisser Weise eine Rückkehr zum Vorgehen der älteren Empiristen dar; denn es wird darin zunächst die Signifikanz theoretischer *Begriffe* definiert und erst in zweiter Linie die Signifikanz theoretischer *Sätze*.

Die Empirismus-Diskussion erwies sich als höchst fruchtbar, da sie zur Klärung vieler Fragen beigetragen hat. Dazu gehören insbesondere diejenigen Probleme, welche *die Struktur der Wissenschaftssprache* sowie die *Prüfungen von Sätzen* dieser Sprache betreffen. In bezug auf das eigentlich angestrebte Hauptziel hingegen erwies sich die Diskussion als nicht erfolgreich. Es sei schon hier angekündigt, daß wir diesbezüglich am Ende des fünften Kapitels *zu einem vollkommen skeptischen Ergebnis* gelangen werden.

2. Die relationalen Kriterien der empirischen Signifikanz

2.a Zum Begriff der Beobachtbarkeit. Den Ausgangspunkt all dieser Versuche bildet eine Überlegung von folgender Art: Eine Aussage beinhaltet nur dann eine *empirische* Behauptung, wenn sie sich entweder aus unmittelbar beobachtbaren Sachverhalten gewinnen läßt oder mit solchen unmittelbar beobachtbaren Sachverhalten in Konflikt steht. Dieser intuitive Gedankengang muß natürlich noch präzisiert werden. Denn strenggenommen ergibt es ja keinen Sinn zu sagen, daß eine Behauptung aus Sachverhalten herleitbar sei oder mit solchen im Widerstreit stehe. *Nur Sätze* können auseinander ableitbar sein und *nur Sätze* können einander widersprechen. Aus diesem Grund war man genötigt, statt von beobachtbaren Ereignissen, Phänomenen und Sachverhalten von *Beobachtungssätzen* zu sprechen. Ein Beobachtungssatz ist eine Aussage, die einem makroskopischen Gegenstand eine beobachtbare Eigenschaft zuschreibt oder zwischen derartigen Gegenständen das Bestehen einer beobachtbaren Relation behauptet. Der Ausdruck „beobachtbar" wird dabei *in diesem Zusammenhang* als undefinierter Grundbegriff verwendet. Da bereits an dieser Stelle philosophische Einwendungen vorgebracht zu werden pflegen, mögen einige Bemerkungen über den Begriff der Beobachtbarkeit gemacht werden:

(1) Der Begriff der Beobachtbarkeit wird an dieser Stelle *nicht definiert*; er wird jedoch anhand von Beispielen *erläutert* (vgl. unten Punkt (5)). Eine pragmatische Rechtfertigung dafür, diesen Begriff ohne längere Vorbereitung, insbesondere ohne eine vorangehende sorgfältige Theorie der Beobachtbarkeit, in die Debatte zu werfen, könnte man in folgender Weise geben: In allen experimentellen wissenschaftlichen Disziplinen müssen sich die Personen, die an diesem Forschungsprozeß teilnehmen, darüber *einig* sein, was beobachtbar ist und was nicht, also insbesondere darüber, ob zu gewissen Zeitpunkten und in bestimmten Gebieten — mit oder ohne Zuhilfenahme gewisser Instrumente — bestimmte Beobachtungen gemacht worden sind. Käme von einem bestimmten Zeitpunkt an zwischen Experimentalphysikern, Molekularbiologen, Botanikern, Zoologen, Ethnologen, Urgeschichtlern etc. *keine* Einigung mehr zustande, so würde die betreffende Disziplin entweder aufhören zu existieren oder doch zumindest solange stagnieren, bis eine entsprechende Einigung erzielt würde.

(2) *Daß keine Theorie der Beobachtbarkeit vorausgeschickt wird, schließt natürlich nicht die Möglichkeit aus, eine solche systematische Theorie zu liefern.* Über die Natur einer solchen Theorie scheint noch keine völlige Klarheit zu

bestehen. Sie würde vermutlich nur z. T. aus philosophischen Analysen zu bestehen haben, z. T. dagegen aus verhaltenstheoretischen Studien menschlicher und sonstiger Organismen. Im gegenwärtigen Zusammenhang kann von dem Problem, wie eine solche Theorie aufzubauen wäre, abstrahiert werden. Dies wird in den folgenden Betrachtungen klar werden: *Die Einwendungen gegen die verschiedenen Vorschläge zur Definition der empirischen Signifikanz sind vollkommen unabhängig davon, wie der dabei benützte Begriff der Beobachtbarkeit festgelegt wird.* Insbesondere wird es sich als *ein völlig vergebliches Bemühen* erweisen, *gewisse dieser Signifikanzkriterien dadurch retten zu wollen, daß der darin ausdrücklich oder implizit benützte Begriff der Beobachtbarkeit durch einen verbesserten Beobachtungsbegriff ersetzt wird.*

(3) Ganz unabhängig von den potentiellen Resultaten einer Theorie der Beobachtbarkeit kann man die Feststellung treffen, daß es *nicht nur einen* korrekten Gebrauch des Prädikates „beobachtbar" gibt, *sondern ein ganzes Kontinuum möglicher Verwendungsweisen dieses Terms*[3]. Am einen Ende dieser kontinuierlichen Skala finden sich jene „unmittelbaren Sinneswahrnehmungen", an welche philosophisch orientierte Leute zunächst denken, wenn von Beobachtungen gesprochen wird. Am anderen Ende der Skala stößt man auf jene ungemein komplizierten und indirekten Beobachtungsverfahren, an die mancher Experimentalphysiker denkt, wenn er über das reflektiert, was in seinem Laboratorium mit Hilfe von Elektronenmikroskopen, Wilson-Kammern etc. getan wird. Die Grenze zwischen dem, was man noch als beobachtbar bezeichnen will und was nicht, *muß* irgendwo gezogen werden, wenn man zu einer intersubjektiv verständlichen Wissenschaftssprache gelangen will. *Wo* diese Grenze gezogen wird, ist Sache der *Konvention.* Dies soll natürlich nicht heißen, daß die Festsetzung unmotiviert sein muß: Die endgültige Wahl wird von zahlreichen, theoretischen wie praktischen, Erwägungen mitbestimmt sein; und sie braucht auch nicht ein für allemal getroffen zu werden, sondern kann variiert werden und dem jeweiligen wissenschaftlichen Zweck angepaßt sein.

(4) Als wichtig erscheinen in diesem Zusammenhang zwei negative Feststellungen:

(a) Mit Beobachtungssätzen braucht keinesfalls ein Immunisierungspostulat verbunden zu sein; d. h. es ist nicht notwendig zu verlangen, daß Beobachtungssätze *absolut sichere Wahrheiten* ausdrücken. Vielmehr sind auch diese Aussagen prinzipiell revidierbar, wenn auch nicht in dem Grade, in dem z. B. eine abstrakte physikalische Hypothese revidierbar sein muß. Der Grad ihrer Revidierbarkeit hängt davon ab, wo die Abgrenzung zwischen dem Beobachtbaren und dem Nichtbeobachtbaren auf der in (3) erwähnten kontinuierlichen Skala vorgenommen wurde. Je komplizierter und indirekter die Beobachtungen werden, desto problematischer und hypothe-

---

[3] Vgl. dazu auch CARNAP, [Physics], S. 226.

tischer werden auch die sogenannten Beobachtungssätze. Aber selbst wenn man sich dafür entscheidet, nur das ganz links auf der Skala liegende Wahrnehmbare auch als beobachtbar zu bezeichnen, *gelangt man nicht zu hypothesenfreien Beobachtungssätzen*. Daß sich hier ein spezieller philosophischer Problemkomplex, nämlich das sogenannte *Basisproblem der empirischen Erkenntnis* auftut, sei nur am Rande erwähnt; ebenso, daß sich erst in letzter Zeit eine Lösung der Schwierigkeiten anzubahnen scheint[4].

(b) Auch von *der* Vorstellung sollte man sich gleich zu Beginn befreien, daß Beobachtungssätze Aussagen über das *unmittelbar Gegebene* seien. Erstens deshalb, weil diese Redeweise nur in bezug auf eine *phänomenalistische* Sprache einen Sinn ergibt, während demgegenüber heute fast alle Wissenschaftstheoretiker einer *Dingsprache* oder *reistischen Sprache* den Vorzug geben, da nur sie eine intersubjektive Verständlichkeit garantiert, die in bezug auf Sprachen der ersten Form bezweifelt oder direkt bestritten wird. (Dies ist ein entscheidender Unterschied gegenüber den älteren Empiristen sowie den sogenannten Positivisten, z. B. E. Mach und R. Avenarius, aber auch gegenüber Carnap als Verfasser von [Logischer Aufbau].) Zweitens aber aus dem noch wichtigeren Grund, daß der Begriff des Gegebenen, also eines Faktums *vor jeder theoretischen Interpretation*, vermutlich überhaupt ein *leerer* Begriff ist.

(5) Bereits im vorigen Punkt ist angedeutet worden, daß sich am Begriff der Beobachtbarkeit verschiedene philosophische Probleme von fundamentaler Bedeutung auffädeln lassen. Von all diesen Problemen kann *mit einer Ausnahme* abstrahiert werden, wenn man das Problem der Struktur der Wissenschaftssprache und das Problem der empirischen Signifikanz erörtert. Diese eine Ausnahme ist durch die ebenfalls bereits angedeutete Alternative „Phänomenalismus — Reismus“ gegeben. Auch hier verhält es sich aber nicht so, daß man z. B. in eine vorherige Diskussion des Problems des philosophischen Phänomenalismus eintreten muß. Man muß sich bloß *entscheiden*, ob man eine Sprache von der einen oder von der anderen Form wählen will. Solange diese Entscheidung nicht getroffen ist, kann man nämlich das eingangs gegebene Versprechen nicht einlösen, *den Begriff der Beobachtbarkeit durch Angabe von Beispielen zu erläutern*. Nehmen wir an, daß aus Gründen der interpersonellen Verständlichkeit beschlossen worden sei, eine reistische Sprache zu wählen. Dann könnte die Erläuterung etwa so verlaufen: Unter *beobachtbaren Dingen* sollen Dinge von der Art verstanden werden, wie sie durch die bekannten *Namen* bezeichnet werden: „Aristoteles“, „die Erde“, „der Planet Mars“, „der Vesuv“, „die Nadel der Kleopatra“, „die Cheopspyramide“, „der Diamant Kohinoor“, „das Fadenkreuz dieses Fernrohrs“. Unter *beobachtbaren Eigenschaften und Relationen* verstehen wir solche, die durch Prädikate wie „rot“, „hart“, „kalt“, „schwerer als“,

[4] Ich meine damit ein von R. C. Jeffrey entwickeltes Verfahren. Darüber habe ich kurz referiert in [Metaphysik], neue Einleitung, S. 64—71.

„koinzidiert mit" designiert werden. Sofern in der aufzubauenden Sprache Variable (Individuenvariable und evtl. außerdem Prädikatvariable) vorkommen, müssen *die Wertbereiche* der Variablen aus makroskopischen Objekten von der angegebenen Art bzw. aus Attributen von der angegebenen Art bestehen.

2.b Das Kriterium der prinzipiellen Verifizierbarkeit. Mitglieder des Wiener Kreises hatten ebenso wie bereits verschiedene frühere Empiristen die Auffassung vertreten, daß eine synthetische Aussage erst dann als empirisch gehaltvoll akzeptiert werden dürfe, wenn sie im Prinzip vollständig bestätigt werden kann oder, wie man dies auch ausdrückte: wenn sie sich mit Hilfe von Beobachtungen im Prinzip *verifizieren* läßt. Da man, wie bereits angedeutet, nicht Sätze mit Beobachtungen konfrontieren kann, sondern nur Sätze *mit Sätzen*, mußte als Bestätigungsbasis eine Klasse von Beobachtungs*sätzen* gewählt werden. Der Gedanke der *vollständigen* Bestätigungsfähigkeit, der in der Wendung „verifizierbar" enthalten ist, wurde daher im Sinn der *vollständigen Zurückführbarkeit auf Beobachtungssätze* verstanden. Die Zurückführbarkeit sollte in einem streng logischen Sinn gedeutet werden. Nun sind aber Sätze nur dann logisch auf andere zurückführbar, wenn sie aus den letzteren *logisch gefolgert* werden können. Also verstand man unter der Verifizierbarkeit von Aussagen die Möglichkeit, diese Aussagen aus Beobachtungssätzen logisch abzuleiten oder logisch zu folgern (je nachdem, ob man einem syntaktischen Ableitungsbegriff oder einem semantischen Folgerungsbegriff den Vorzug gab).

Da uns zu jedem Zeitpunkt höchstens eine endliche Anzahl von Beobachtungen zur Verfügung steht, braucht als Verifikationsbasis dabei nur eine *endliche* Klasse von Beobachtungssätzen ins Auge gefaßt zu werden. Die Verifizierbarkeit *im Prinzip* sollte nicht nur die Fälle der *tatsächlichen* Verifikation einbeziehen, sondern die logische Möglichkeit einer Verifikation. Dies bedeutete, daß man von der Frage der Wahrheit der Beobachtungssätze abstrahieren mußte; denn auch falsche Beobachtungssätze würden immerhin noch „mögliche Beobachtungen" beschreiben. Auf der anderen Seite enthält der Begriff der logischen Möglichkeit den Ausschluß des logisch Widerspruchsvollen: Die Beobachtungsbasis muß als konsistent vorausgesetzt werden. Man könnte daher den ersten Versuch, das Prinzip des Empirismus zu formulieren, etwa so wiedergeben:

(E_1) *Eine synthetische Aussage ist genau dann empirisch signifikant, wenn sie aus einer konsistenten endlichen Klasse von Beobachtungssätzen logisch gefolgert werden kann* (Verifizierbarkeitskriterium der empirischen Signifikanz).

Dieses Kriterium stellte sich bald in mancher Hinsicht als viel zu eng, in anderer Hinsicht als viel zu weit heraus. Im einzelnen lassen sich dagegen die folgenden drei Einwendungen vorbringen:

(*a*) *Das Kriterium ist insofern viel zu eng, als es alle Gesetzeshypothesen ausschließt und damit auch alle Theorien, aus denen derartige Gesetzesaussagen gefolgert werden können.* Denn alle Naturgesetze sind der logischen Form nach raumzeitlich unbeschränkte Allsätze und daher niemals aus endlich vielen Beobachtungsaussagen ableitbar[5]. Die Verifikation einer derartigen Aussage würde ja voraussetzen, daß wir das Universum nicht nur in seiner gesamten räumlichen, sondern auch in seiner gesamten zeitlichen, also insbesondere auch künftigen, vielleicht viele Milliarden Jahre andauernden Erstreckung durchforscht hätten. Die Hoffnung und das Hauptziel der modernen Naturwissenschaft, gesetzesmäßige Zusammenhänge zwischen beobachtbaren Phänomenen zu finden, würde daher durch dieses Kriterium zunichte gemacht werden. Die Unmöglichkeit, Gesetze zu verifizieren, ergibt sich übrigens ganz unabhängig von ihrer *logischen Form* daraus, daß sie für die Gewinnung von Prognosen verwendet werden können. Ihre Verifizierbarkeit würde daher einen *logischen* Schluß von der Vergangenheit auf die Zukunft zulassen, was natürlich unmöglich ist. Diese zuletzt erwähnte Einsicht geht bereits auf D. HUME zurück, den man aus diesem Grund auch den ersten potentiellen Opponenten gegen das Verifikationsprinzip nennen könnte.

(*b*) Eine weitere Schwierigkeit würde bezüglich der *Regeln der Wissenschaftssprache* entstehen. Als eine der elementarsten Grundregeln für jede präzise Wissenschaftssprache wird man die folgende aufstellen können: „Die Negation einer sinnvollen Aussage ergibt wieder eine sinnvolle Aussage." Dieses Prinzip wäre verletzt. Es sei etwa Pa eine Beobachtungsaussage. Daraus kann die Existenzaussage $\bigvee x Px$ abgeleitet werden. Diese wäre nach dem Kriterium (E_1) empirisch signifikant. Ihre Negation $\neg \bigvee x Px$ wäre *nicht signifikant*, da sie mit der Allaussage $\bigwedge x \neg Px$ logisch äquivalent ist, die sich nicht aus endlich vielen Beobachtungssätzen logisch ableiten läßt[6]. Auch aus diesem Grund erweist sich das Kriterium als zu eng, da es die eben zitierte Grundregel für den Aufbau einer Wissenschaftssprache verbieten würde.

[5] In der üblichen Art und Weise, physikalische Gesetze anzuschreiben, wird dies verschleiert, weil nicht ausdrücklich Allquantoren bezüglich der in einem solchen Gesetz vorkommenden Funktionsvariablen vorangestellt werden. Solche Quantoren sind aber stets hinzuzudenken. So etwa wäre das Newtonsche Gravitationsprinzip durch die Formel wiederzugeben:

$$\bigwedge K \bigwedge M_1 \bigwedge M_2 \bigwedge R \left[K = f \cdot \frac{M_1 \cdot M_2}{R^2}\right],$$

wobei natürlich die für das Verständnis der Formel erforderlichen Spezifikationen für die darin vorkommenden Funktionsbegriffe hinzuzufügen sind (vgl. auch II, 1).

[6] Nur nebenher sei erwähnt, daß dieser Einwand selbst von einem streng konstruktivistischen Standpunkt vorgebracht werden kann, da die logische Äquivalenz von $\neg \bigvee x Px$ und $\bigwedge x \neg Px$ auch in der intuitionistischen Logik gilt.

(*c*) In einer anderen Hinsicht wiederum erweist sich das Kriterium als *zu weit.* Man würde erwarten, daß das folgende Prinzip mit Selbstverständlichkeit gilt: „Eine nichtsignifikante Aussage kann auch nicht als junktorenlogischer Teil einer signifikanten Aussage auftreten." Denn ist ein Teilsatz eines komplexeren Satzes nicht signifikant, so, möchte man meinen, ist a fortiori der komplexere Satz nicht signifikant. Daß (E_1) gegen dieses Prinzip verstößt, kann man unmittelbar einsehen: X sei eine durch dieses Kriterium als nicht signifikant gekennzeichnete Aussage, C hingegen eine andere, die danach als signifikant auszuzeichnen wäre. Gemäß dem zitierten Prinzip müßte die Adjunktion $X \vee C$ als nicht signifikant ausgeschieden werden. (E_1) hingegen läßt diese Adjunktion als signifikant zu, da sie aus C logisch gefolgert werden kann und daher auch eine logische Folgerung jener endlich vielen Beobachtungssätze ist, aus denen gemäß Voraussetzung C gefolgert wurde. Hier werden also, zum Unterschied von den ersten beiden Fällen, sprachliche Gebilde als sinnvoll zugelassen, die nach der Intention des Empiristen nicht zugelassen werden sollten.

2.c Das Kriterium der prinzipiellen Falsifizierbarkeit. Man hat bisweilen versucht, (E_1) durch ein duales Prinzip zu ersetzen, welches sich intuitiv durch den Gedanken der prinzipiellen Falsifizierbarkeit wiedergeben läßt. Als Motiv berief man sich darauf, daß die Überprüfung einer Theorie darin besteht, daß man versucht, sie zu falsifizieren, und sie akzeptiert, wenn der Falsifikationsversuch gescheitert ist[7]. Auf diese Weise gelangte man zu dem Prinzip:

(E_2) *Eine synthetische Aussage ist genau dann empirisch signifikant, wenn ihre Negation aus einer konsistenten endlichen Klasse von Beobachtungssätzen logisch gefolgert werden kann* (Falsifizierbarkeitskriterium der empirischen Signifikanz).

So wie dieses Prinzip durch „Dualisierung" von (E_1) gewonnen wurde, so lassen sich auch die gegen (E_1) vorgebrachten Einwendungen dualisieren und als Argumente verwerten, die gegen (E_2) sprechen:

(*a'*) Das Kriterium ist zu eng, weil es Existenzhypothesen ausschließt, die zwar verifizierbar, jedoch auf Grund von noch so vielen Beobachtungen niemals definitiv falsifizierbar sind. Die Begründung hierfür ist mit der Begründung von (*a*) identisch.

(*b'*) Abermals würden die Negationen von empirisch signifikanten Aussagen ausgeschlossen werden: $\wedge x P x$ ist „im Prinzip falsifizierbar", die

[7] Obwohl dieser Gedanke von K. Popper präzisiert worden ist, muß doch nachdrücklich betont werden, daß er selbst *nicht* den Anspruch erhoben hat, mit seinem Prinzip ein *Signifikanz*kriterium zu formulieren. Popper ging es vielmehr ausschließlich um die Explikation des wissenschaftlichen Prüfungsverfahrens von Hypothesen.

Negation $\neg \bigwedge x Px$ davon, die mit $\bigvee x \neg Px$ logisch äquivalent ist, hingegen nicht[8].

(c') Das Analogon zum Einwand (c) lautet jetzt folgendermaßen: X sei eine durch das Kriterium ausgeschlossene Aussage, C sei als empirisch signifikant zugelassen. Dann wäre auch, entgegen der Intention, $X \wedge C$ empirisch signifikant, da sich die prinzipielle Falsifizierbarkeit von C auf $X \wedge C$ überträgt.

2.d Vereinigung des Verifizierbarkeits- und Falsifizierbarkeitskriteriums. Man könnte versuchen, den Einwendungen dadurch zu entgehen, daß man für die empirische Signifikanz einer synthetischen Aussage nur deren prinzipielle Verifizierbarkeit *oder* Falsifizierbarkeit verlangt:

(E_3) *Eine synthetische Aussage ist genau dann empirisch signifikant, wenn sie entweder die Bedingung* (E_1) *oder die Bedingung* (E_2) *erfüllt* (d. h. also: sie ist genau dann als nicht-signifikant auszuschließen, wenn sie weder die Bedingung (E_1) noch die Bedingung (E_2) erfüllt).

Auch jetzt noch lassen sich analoge Einwendungen vorbringen:

(a'') Auch dieses Kriterium ist zu eng, da es alle Aussagen mit *gemischten Quantoren*, also z. B. Sätze von der Gestalt: $\bigwedge x \bigvee y\, \Phi(x, y)$, als nicht signifikant verbietet. Denn wegen des darin vorkommenden „alle" verstößt eine derartige Aussage gegen das Prinzip (E_1), und wegen des darin vorkommenden „es gibt" verstößt es außerdem gegen (E_2). Man hat gelegentlich *die* Verteidigung versucht, daß man sagte, es sei durchaus sinnvoll, derartige komplexe Aussagen als wissenschaftlich unzulässig auszuschließen. Doch steht ein solcher Verteidigungsversuch auf sehr schwachen Füßen. Bereits relativ elementare wissenschaftliche Aussagen erweisen sich bei exakter Formulierung als Sätze, die *sowohl* mindestens einen Allquantor *als auch* mindestens einen Existenzquantor enthalten. Beispiele dafür wären die biologische Vermutung: „Jede Mutation wird durch eine Änderung in den Genen hervorgerufen"; oder die chemische Hypothese: „Für jede Substanz gibt es einen spezifischen Schmelzpunkt"[9].

Anmerkung. Nur am Rande sei auf ein Kuriosum aufmerksam gemacht, welches den meisten Philosophen bisher entgangen sein dürfte. Es handelt sich um die seit der Antike als Beispiel benützte *Sterblichkeitshypothese:* „Alle Menschen sind

[8] Ein Unterschied gegenüber dem Einwand (b) ergibt sich allerdings dadurch, daß die an dieser Stelle benützte logische Äquivalenz nur in der klassischen Logik, nicht jedoch in der intuitionistischen Logik gilt.

[9] Das zweite Beispiel ist allerdings insofern nicht voll überzeugend, als sich der Existenzquantor auf einen endlichen Gegenstandsbereich erstreckt. In bezug auf das erste Beispiel könnte man dagegen die Auffassung vertreten, daß die Anzahl der möglichen Änderungen von Genen nicht von vornherein als endlich postuliert werden dürfe. Die weiter unten gegebenen Beispiele aus der höheren Mathematik machen jedoch alle Rettungsversuche dieses Kriteriums durch Hinweis auf die Endlichkeit des Bereiches gegenstandslos; denn in diesen mathematischen Beispielen sind die Bereiche stets unendlich.

sterblich". Auch diese Aussage würde durch das Kriterium (E_3) als empirisch nicht signifikant ausgeschlossen werden. Sie *scheint* zwar auf den ersten Blick *nur einen Allquantor* zu enthalten und somit „prinzipiell nicht verifizierbar" zu sein. Daß sie jedoch auch „prinzipiell nicht falsifizierbar" ist, erkennt man, wenn man bedenkt, daß selbst ein 10 Milliarden Jahre alter Mensch *kein* Falsifikationsbeispiel für die Sterblichkeitshypothese liefern würde (er könnte ja erst im Verlauf der nächsten 150 Millionen Jahre sterben). Worauf beruht dies? Die Antwort lautet: In dem *scheinbar* dispositionellen Prädikat der Sterblichkeit ist ein versteckter unbeschränkter Existenzquantor enthalten. In expliziter Formulierung, aus der das Wort „sterblich" eliminiert worden wäre, müßte die Sterblichkeitshypothese lauten: „Für *jeden* Menschen *gibt es* eine endliche Zeitspanne nach seiner Geburt, innerhalb deren er stirbt". Daß es sich hierbei um eine *echte* existenziale Teilhypothese handelt, beruht darauf, *daß für diese Zeitspanne keine obere Grenze angegeben worden ist*. Dieses einfache Beispiel lehrt zugleich, daß das Vorhandensein gemischter Quantoren durch die Wahl scheinbar harmloser Prädikate mehr oder weniger raffiniert verschleiert werden kann.

Entscheidend dürfte jedoch das folgende Argument sein: Die Annahme des Kriteriums (E_3) würde die Anwendung der höheren Mathematik in den empirischen Wissenschaften ausschließen. Für die Zwecke dieser Anwendung muß von metrischen physikalischen Begriffen, die als Funktionen konstruiert sind, z. B. angenommen werden, daß es sich um *stetige* oder um *differenzierbare* Größen handelt. Nun ist es eine bekannte Tatsache, daß die Definition aller dieser wichtigen Begriffe der Analysis mit den Worten beginnen: „Zu *jeder* Zahl ε *gibt es* eine Zahl N, so daß . . . " Es handelt sich also um kombinierte All- und Existenzaussagen, die durch (E_3) verboten werden. Der Leser begehe nicht den Fehler zu glauben, daß diese komplexeren Begriffsbildungen nur den logisch-mathematischen Apparat der Wissenschaftssprache betreffen würden, nicht jedoch in die physikalischen Hypothesen Eingang fänden! Die Annahme, daß die Kraftfunktion oder die Wegfunktion eine differenzierbare (und damit stetige) Größe sei, ist keine mathematische, sondern eine *physikalische* Annahme. Dies hat seinen Grund darin, *daß angewandte Mathematik, und zwar nicht nur angewandte Geometrie, nicht Mathematik ist, sondern Physik.*

(b'') Negationen von signifikanten Aussagen würden zwar jetzt ebenfalls wieder signifikante Aussagen erzeugen, doch wären *andere* Formregeln von der Einschränkung betroffen. Es würde z. B. nicht mehr die Regel gelten, daß die Bindung von freien Variablen durch Existenz- oder Allquantoren generell aus einer zulässigen Aussageform eine signifikante Aussage erzeugt.

(c'') Auch der dritte Einwand, wonach das Kriterium zu weit ist, bleibt mutatis mutandis bestehen: X sei wieder eine im Sinn von (E_3) unzulässige, C eine signifikante Aussage. Je nachdem, ob C das Kriterium (E_1) oder das Kriterium (E_2) erfüllt, wäre entweder $X \vee C$ oder $X \wedge C$ als empirisch signifikante Aussage zu bezeichnen. Abermals wäre es also gelungen, Aussagen, die in isolierter Betrachtung nicht signifikant sind, als Teilaussagen in signifikante komplexere Sätze hineinzuschmuggeln.

2.e Das Kriterium der unvollständigen Bestätigungsfähigkeit. Ein Signifikanzkriterium von anderer Art hatte AYER in [Language] aufzustellen versucht. Obwohl auch dieses ähnlichen elementaren Einwendungen ausgesetzt ist wie die bisherigen Kriterien, ist es doch insofern interessant, als darin *eine neuartige Idee* benützt wird. Empirische Theorien werden in der Weise überprüft, daß man aus ihnen und gewissen Rand- oder Antecedensbedingungen *Voraussagen* deduziert, die sich weder aus der Theorie allein, noch aus jenen anderen Bedingungen allein ableiten lassen. Diesen Gedanken der prognostischen Relevanz hat später auch CARNAP, allerdings in einer wesentlich differenzierteren Form, für sein Signifikanzkriterium für theoretische Aussagen benützt (vgl. dazu die Diskussionen in V).

Als zusätzliches Motiv für die Verwertung eines solchen Gedankens könnte man sich darauf berufen, daß intuitive Auseinandersetzungen zwischen „Empiristen" und „Metaphysikern" meist die folgende Gestalt annehmen: Vertreter der ersten Richtung werfen denen der zweiten vor, daß nicht nur kein rationaler Weg von dem, was wir wahrnehmen und beobachten, zu den Begriffen der Metaphysik führe — Analoges würde weitgehend auch für das Verhältnis von Wahrnehmbarem und abstrakten naturwissenschaftlichen Begriffen gelten —, *sondern daß die letzteren nicht für brauchbare Voraussagen verwendbar sind.* Man könne sich daher nicht denken, wie metaphysische Sätze intersubjektiv überprüft und damit gestützt oder erschüttert werden sollten. Solche Überprüfungen nehmen nämlich immer den Weg über Prognosen. Ein Metaphysiker, wie z. B. HEGEL, würde darauf vermutlich erwidern: „Die Wahrheit ist das Ganze". Man dürfe nicht einzelne Begriffe und auch nicht einzelne Aussagen für sich auf ihre Signifikanz hin untersuchen. Vielmehr müsse man stets das System als ganzes mit allen seinen begrifflichen Zusammenhängen zum Gegenstand der Betrachtung machen. Der Empirist könnte, davon unberührt, mit einem Zitat von KIERKEGAARD antworten, nämlich daß hundert Betrunkene noch keinen Nüchternen ergeben; m. a. W.: sinnlose Terme werden nicht dadurch sinnvoll, daß man, wie z. B. in der Hegelschen Logik, ganze Hierarchien sinnloser Begriffe übereinandertürmt. Auch für eine noch so umfassende, *angeblich* wissenschaftliche Theorie gelte die Forderung der intersubjektiven Kontrollierbarkeit. Und diese lasse sich nur in der Weise realisieren, daß man aus der Theorie beobachtungsmäßig nachprüfbare Aussagen ableite.

Doch nun zurück zu AYERS Kriterium. Versuchsweise hatte er seinen Gedanken zunächst so ausgedrückt:

(E_4) *Eine Aussage S ist genau dann empirisch signifikant, wenn es endlich viele Aussagen gibt, aus deren konjunktiver Zusammenfassung mit S eine Beobachtungsaussage logisch gefolgert werden kann, die aus jenen anderen Aussagen allein nicht zu folgern ist.*

Dieses Kriterium wäre offenkundig zu weit, wie AYER selbst feststellte: Danach wäre *jede beliebige* Aussage empirisch signifikant. Denn wenn X eine beliebige Aussage und B irgendein Beobachtungssatz ist, so ist der letztere aus X unter Herbeiziehung der weiteren Prämisse $X \rightarrow B$ wegen der Gültigkeit des modus ponens logisch zu folgern, ohne daß B eine logische Folgerung von $X \rightarrow B$ allein wäre.

Um diesen Mangel zu beheben, führte AYER einen Begriff der empirischen Bestätigungsfähigkeit ein, den er zusammensetzte aus den beiden Begriffen der direkten und der indirekten Bestätigungsfähigkeit. Eine Aussage S wird *direkt bestätigungsfähig* genannt, wenn sie *entweder* selbst eine Beobachtungsaussage ist *oder* wenn eine Beobachtungsaussage aus S und endlich vielen weiteren Beobachtungsaussagen logisch gefolgert werden kann, die aus diesen weiteren Beobachtungsaussagen nicht logisch folgt. Und S heißt *indirekt bestätigungsfähig*, wenn es endlich viele Aussagen $A_1, \ldots, A_n$ gibt, die alle entweder direkt bestätigungsfähig sind oder bereits früher als indirekt bestätigungsfähig erwiesen wurden, so daß aus $\{S, A_1, \ldots, A_n\}$ gewisse direkt bestätigungsfähige Aussagen D_i gefolgert werden können, die aus der engeren Klasse $\{A_1, \ldots, A_n\}$ nicht zu folgern sind. Das Kriterium lautet nun:

(E_5) *Eine Aussage S ist genau dann empirisch signifikant, wenn sie empirisch bestätigungsfähig ist, d. h. wenn sie direkt oder indirekt bestätigungsfähig ist.*

Daß auch dieses Kriterium inadäquat ist, wurde von A. CHURCH gezeigt[10]. Man braucht nur anzunehmen, daß drei Beobachtungssätze B_1, B_2, B_3 existieren, von denen keiner aus dem anderen logisch gefolgert werden kann (die also in diesem Sinn logisch unabhängig voneinander sind), um nachweisen zu können, daß eine beliebige Aussage X oder deren Negation gemäß (E_5) empirisch signifikant ist. Man bilde dazu den Molekularsatz $(\neg B_1 \wedge B_2) \vee (B_3 \wedge \neg X)$, welchen wir mit Φ bezeichnen. Aus Φ und dem Beobachtungssatz B_1, der nach Definition direkt bestätigungsfähig ist, folgt der Beobachtungssatz B_3 (denn aus B_1 folgt die Negation des ersten Adjunktionsgliedes von Φ). Nach Voraussetzung kann B_3 nicht aus B_1 allein gefolgert werden. *Also ist Φ direkt bestätigungsfähig.*

Als nächsten Zwischenschritt halten wir die Tatsache fest, *daß aus Φ und X der Beobachtungssatz B_2 folgt* (denn aus X folgt die Negation des zweiten Adjunktionsgliedes von Φ; und daraus sowie aus Φ zusammen das erste Adjunktionsglied von Φ, woraus man durch $\wedge$-Abschwächung B_2 erhält). Falls B_2 nicht aus Φ allein logisch folgt, sind wir bereits am Ende: X ist dann nach Definition *indirekt bestätigungsfähig.*

Wir haben also nur noch den Fall zu betrachten, daß B_2 bereits eine logische Folgerung von Φ allein ist. Zu beachten ist dabei: Wenn eine Aussage aus einem Satz von der Gestalt $\Psi_1 \vee \Psi_2$ logisch folgt, so folgt sie so-

[10] [Ayer].

wohl aus Ψ_1 allein wie aus Ψ_2 allein. Diese Feststellung wenden wir auf B_2 sowie die Aussage Φ, die ja eine Adjunktion ist, an. Aus der Voraussetzung ergibt sich somit, daß B_2 auch eine logische Folgerung des zweiten Adjunktionsgliedes von Φ, nämlich von $B_3 \wedge \neg X$, ist. Da nach Annahme B_2 nicht aus B_3 allein folgt, ist $\neg X$ *direkt bestätigungsfähig*.

Entweder ist also X indirekt bestätigungsfähig oder $\neg X$ ist direkt bestätigungsfähig. Mindestens eine dieser beiden Aussagen X oder $\neg X$ ist also im Sinn von (E_5) empirisch signifikant. Da X ganz beliebig war, steht dieses Resultat mit der empiristischen Intention AYERS nicht im Einklang. Auch sein verbessertes Kriterium ist noch viel zu weit.

Ein analoger Einwand wie gegen AYER läßt sich auch gegen eine von O'CONNOR vorgeschlagene Revision der Ayerschen Kriteriums[11] vorbringen.

Die Vermutung liegt nahe, daß ein ähnliches Schicksal allen relationalen Signifikanzkriterien beschieden sein wird, wie raffiniert ausgeklügelt die deduktive Relation zwischen der zur Diskussion stehenden Aussage, weiteren Annahmen und gewissen Beobachtungssätzen auch sein mag. CARNAP hat daher einen ganz anderen Weg eingeschlagen, der sich schlagwortartig so charakterisieren läßt: Maßgebend für die empirische Signifikanz einer Aussage ist nicht eine genauer zu beschreibende deduktive Relation, die zwischen dieser Aussage und Beobachtungssätzen besteht, sondern allein dies, ob die betreffende Aussage *in eine empiristische Sprache übersetzbar* oder *in einer solchen Sprache ausdrückbar* ist. Damit tritt an die Stelle der Aufgabe, jene deduktive Relation zu definieren, die andere Aufgabe der genauen Beschreibung einer empiristischen Sprache.

3. Das Übersetzungs- und Einschlußkriterium der empirischen Signifikanz: Die empiristische Sprache L_E.

3.a Charakterisierung der Sprache L_E. Es geht jetzt darum, die empirischen Signifikanzdefinitionen im zweiten Stadium zu diskutieren. Dieses zweite Stadium wurde eingeleitet mit CARNAPS Schrift [Testability][12]. Hier

[11] [AYER's Verification Principle].

[12] Leider hat CARNAP in dieser Arbeit sehr heterogene Untersuchungen zusammengepackt und dadurch vermutlich das Verständnis erschwert. Dazu gehören vor allem die folgenden drei Dinge: (1) die Beschreibung der empiristischen Wissenschaftssprache und der Alternativmöglichkeiten ihres Aufbaues; (2) die Schilderung einer neuen Methode zur Einführung von Dispositionsprädikaten mittels sogenannter Reduktionssätze; (3) die Einführung eines stark verallgemeinerten Begriffs der Bestätigungsfähigkeit, der dazu verwendet werden kann, die Wahl dieser empiristischen Sprache zu rechtfertigen. Im vorliegenden Unterabschnitt beschränken wir uns auf Punkt (1). Den in Punkt (3) erwähnten Begriff führen wir in technisch wesentlich vereinfachter Form im folgenden Unterabschnitt ein. Den zu (2) gehörenden Fragenkomplex hingegen klammern wir an dieser Stelle vollkommen aus; er wird in IV, 1 ausführlich zur Sprache kommen.

wird die Struktur einer empiristischen Sprache L_E genauer beschrieben (den Index „E“ wählen wir als Anfangssymbol von „empiristisch“.) Die empirische Signifikanz eines Satzes wird davon abhängig gemacht, ob er *in* eine derartige Sprache *übersetzbar* bzw. *darin ausdrückbar* ist.

Bezüglich der Struktur von L_E unterscheidet man am zweckmäßigsten zwei Aspekte: den syntaktischen und den empiristischen.

Hinsichtlich des *syntaktischen* Aspektes gibt es zahlreiche Alternativmöglichkeiten, die z. B. durch inhaltliche philosophische Vorstellungen über Signifikanz bestimmt sind, z. T. durch den wissenschaftlichen Zweck, den man mit der Sprache erreichen will. Beides kann miteinander kollidieren. Wer sich z. B. von dem Gedanken leiten läßt, daß eine wissenschaftliche Aussage „im Prinzip verifizierbar“ sein müsse, gleichzeitig aber die Sprache L_E in der Weise aufbauen möchte, daß darin physikalische Theorien ausdrückbar sind, *der strebt logisch Unvereinbares an.* Die prinzipielle Verifizierbarkeit ist nur für die Sätze einer *Molekularsprache* realisierbar, d. h. einer Sprache, in der ausschließlich junktorenlogische Verknüpfungen von atomaren Aussagen zugelassen sind, hingegen keine unbeschränkten All- und Existenzsätze. Wenn man hingegen verlangt, daß in L_E moderne physikalische Hypothesen ausdrückbar sein sollen, so muß man nicht nur voraussetzen, daß die Sprache L_E die gesamte Quantorenlogik enthält, sondern daß in sie darüber hinaus ein höherer logisch-mathematischer Apparat eingebaut ist, der jene Teile der Mathematik darzustellen gestattet, die für die Formulierung der fraglichen physikalischen Theorien benötigt werden. Carnap schlägt vor, hier eine möglichst liberale Haltung einzunehmen, insbesondere also auch stärkere Logiksysteme zuzulassen, wenn der einzelwissenschaftliche Zweck dies erfordert. Wir brauchen auf diesen Punkt nicht weiter einzugehen, da auf Grund späterer Überlegungen, auf die wir vor allem in IV und V zu sprechen kommen, diese ursprüngliche uniforme Sprache L_E *in zwei Teilsprachen* L_B (Beobachtungssprache) *und* L_T (theoretische Sprache) aufgesplittert werden wird. Während für L_E die logische Struktur aus dem eben angegebenen Grund als variabel betrachtet werden muß, gilt dies für die späteren Überlegungen nicht mehr: Die Beobachtungssprache L_B wird nur die elementare Logik (im Sinn der Quantorenlogik mit Identität) enthalten, während höhere logisch-mathematische Theorien erst in die theoretische Sprache L_T eingebaut werden. Im nächsten Unterabschnitt wird es allein darum gehen, überhaupt eine zusätzliche Rechtfertigung dafür zu finden, daß der Boden der Molekularsprache verlassen wird und daß *beliebige Aussagen mit gemischten Quantoren* für die empiristische Sprache zugelassen werden.

Was den *empiristischen* Aspekt von L_E betrifft, so wird *die Forderung der Beobachtbarkeit* für alle Grundkonstanten sowie die Elemente der Wertbereiche der Variablen aufgestellt. Der hierbei verwendete Begriff der Beobachtbarkeit ist bereits in 2.a diskutiert worden. Die eigentliche Alternative, die sich hier auftut, ist die Alternative „Phänomenalismus — Reismus". Während frühere Empiristen häufig dem Phänomenalismus zuneigten, befürworten heute fast alle empiristischen Philosophen eine reistische Sprache oder Dingsprache, da nur sie für intersubjektive wissenschaftliche Kommunikationszwecke als geeignet erscheint.

Eine weitere Frage betrifft *die Einführung neuer Begriffe* in die empiristische Sprache. Nach der ursprünglichen Auffassung galt mit Selbstverständlichkeit *die Forderung der expliziten Definierbarkeit:* Danach sind alle Terme, die keine Grundterme bilden, durch Explizitdefinitionen auf die Grundterme zurückzuführen. Diese Konzeption würde zur *engeren empiristischen Sprache* L_E führen. Wegen verschiedener Schwierigkeiten, die sich bei dem Versuch ergaben, dispositionelle und metrische Begriffe auf definitorischem Wege auf Grundbegriffe zurückzuführen, wurde von CARNAP vorgeschlagen, *weitere* Verfahren zur Einführung neuer Begriffe, die nicht auf die Grundbegriffe definitorisch zurückführbar sind, zuzulassen. Diese liberalere Auffassung führt zu der *erweiterten empiristischen Sprache* L_E^*. Auch hier erscheint es als zweckmäßig, die Erörterung erst in die Schilderung des dritten Stadiums der Empirismus-Diskussion einzubeziehen, welche in IV beginnt.

Es genügt, vorläufig festzuhalten, daß die endgültige Wahl von L_E durch die Beantwortung dreier Fragen bestimmt ist, nämlich: (1) Wie groß soll der logische Ausdrucksgehalt von L_E sein, d. h. insbesondere: soll in dieser Sprache nur eine schwächere Logik oder ein stärkeres logisch-mathematisches System zur Verfügung stehen? Erst nach Entscheidung dieser Frage können die Syntaxregeln von L_E präzise formuliert werden. (2) Soll L_E eine phänomenalistische oder eine reistische Basis besitzen?[13] (3) Soll L_E als *engere* empiristische Sprache gewählt werden oder als eine *erweiterte* empiristische Sprache, in welcher neben Definitionen auch andere Methoden der Einführung neuer Begriffe (z. B. Reduktionssätze) zugelassen werden?

Für das dritte Stadium der Empirismus-Debatte werden die Fragen (1) und (3) in bezug auf die Teilsprachen L_B und L_T an späterer Stelle im Detail erörtert (vgl. IV, 1 und 2, V, 1 bis 3 und V, 5). Für die folgenden Überlegungen in diesem Abschnitt setzen wir voraus, daß neue Terme in L_E nur durch Definition eingeführt werden.

3.b Der Begriff der empirischen Bestätigungsfähigkeit und das Kriterium (E_6). Es soll jetzt ein Begriff der empirischen Bestätigungsfähigkeit eingeführt werden, mit dessen Hilfe die Zulassung sehr komplexer Aussagen in L_E gerechtfertigt werden kann.

[13] Früher wurde statt des Ausdrucks „Reismus" der Terminus „Physikalismus" verwendet. Da sich mit diesem Ausdruck aber die Vorstellung verbindet, daß alle Attributionen in *quantitativer* Sprache erfolgen müssen, und dies eine offenbar viel zu starke Einschränkung bedeuten würde, wird der Term „Physikalismus" heute gewöhnlich nicht mehr verwendet.

Anmerkung. Auch hinsichtlich dieses Begriffs sind die Ausführungen bei Carnap, a. a. O., S. 434ff., ziemlich kompliziert. Er arbeitet mit unendlichen Satzklassen und benützt für die Einführung des Begriffs der Zurückführbarkeit der Bestätigung *Folgen von unendlichen Satzklassen.* Wir vermeiden diese technische Komplikation dadurch, daß wir die formale Umkehrung der Operation der Allspezialisierung einführen und in naheliegender Weise als formalen Induktionsschritt auszeichnen.

In einem ersten Schritt geht es noch gar nicht darum, den Begriff der empirischen Bestätigungsfähigkeit einer Aussage einzuführen, sondern den allgemeineren relationalen Begriff der *Zurückführbarkeit der Bestätigung* einer Aussage auf andere Aussagen. Den Ausgangspunkt bildet das folgende Problem: Es mögen gewisse synthetische Aussagen zur Verfügung stehen, die bis zu einem bestimmten Grad bestätigt worden sind (sei es in einem inhaltlichen, vorexplikativen Sinn des Wortes, sei es in einem formal präzisierten Sinn). Unter welchen Umständen kann man sagen, *die empirische Bestätigung gewisser anderer Sätze sei auf die Bestätigung der gegebenen Aussagen zurückführbar?* Zwei Fälle sind zu unterscheiden:

1. Fall. Wir betrachten einen Satz, der aus gewissen gegebenen Aussagen logisch gefolgert werden kann. Dieser Satz ist in demselben Grad bestätigt wie die gegebenen Aussagen. Man kann daher sagen, daß seine Bestätigung auf die der gegebenen Aussagen vollständig zurückführbar sei. So z. B. ist die Bestätigung von $\bigvee x Px$ vollständig zurückführbar auf die von Pa bzw. die von Pa vollständig zurückführbar auf die von $\bigwedge x Px$, da der jeweils erste Satz aus dem zweiten folgt.

2. Fall. Betrachten wir dagegen einen Allsatz $\bigwedge x Fx$. Daraus sind unendlich viele atomare Sätze von der Gestalt ableitbar: Fa_1, Fa_2, ... Wollte man die Bestätigung von $\bigwedge x Fx$ vollständig auf diejenige der Sätze Fa_i zurückführen, so müßte man unendlich viele Beobachtungen anstellen, um diese atomaren Sätze zu erhärten. So etwas ist natürlich nicht möglich. Wir werden *höchstens endlich viele* Aussagen Fa_i auf Grund von Beobachtungen akzeptieren können. Sollte sich auf Grund empirischer Untersuchungen tatsächlich ergeben, daß z. B. *n Objekte* $a_1, \ldots, a_n$ die Eigenschaft F besitzen, keinem Objekt hingegen diese Eigenschaft fehlt, so können wir nur behaupten: $\bigwedge x Fx$ ist *bis zu einem gewissen Grade* auf Grund der Bestätigung der Sätze Fa_i bestätigt. Die Zurückführung der Bestätigung von $\bigwedge x Fx$ auf die der endlich vielen Fa_i's ist keine vollständige, sondern eine *unvollständige.*

In diesem Zusammenhang führen wir den Begriff des formalen I-Schrittes („I“ für „Induktion“) ein, indem wir sagen, daß ein I-Schritt von den einzelnen Fa_i's zu $\bigwedge x Fx$ führt. Ein formaler I-Schritt ist nichts weiter als *die zur Allspezialisierung inverse Operation.* (Wie in der obigen Anmerkung bereits erwähnt, dient dieser neue Begriff nur der Vereinfachung der Definitionen der folgenden Begriffe.)

Wir setzen für das Folgende einen präzisen Aufbau der Syntax von L_E voraus, in welcher insbesondere der Begriff „*Satz in* L_E“ scharf definiert ist.

Weiter setzen wir voraus, daß auch der Begriff der *logischen Folgerung* — sei es mittels semantischer Methoden als Folgerungsbegriff, sei es als syntaktischer Ableitungsbegriff — präzise definiert worden ist. Wenn davon die Rede ist, daß ein Satz aus anderen Sätzen durch einen logischen Schritt gewonnen wurde, so soll dies heißen, daß er im Sinn des so präzisierten Folgerungs- oder Ableitungsbegriffs aus jenen Sätzen herleitbar ist.

Die folgenden Begriffe führen wir jetzt durch Definition ein:

Wir sagen, daß $\mathfrak{R}$ eine *Bestätigungsreduktionskette* in L_E mit der Prämissenklasse $\mathfrak{K}$ ist, wenn $\mathfrak{R}$ eine Folge von Sätzen aus L_E ist, so daß jeder Satz dieser Folge entweder ein Element von $\mathfrak{K}$ oder ein logisches bzw. außerlogisches Axiom bildet oder aus früheren Sätzen der Folge durch einen logischen Schritt oder durch einen I-Schritt gewonnen werden kann.

Wie unmittelbar zu ersehen ist, handelt es sich hierbei um nichts weiter als um eine Verallgemeinerung des Begriffs der logischen Ableitung. Den letzteren würde man erhalten, wenn man in der Definition den Bestandteil „oder durch einen I-Schritt" wegließe.

Wir wollen weiter sagen, *daß die Bestätigung eines Satzes $\mathfrak{S}$ von L_E zurückführbar ist auf die der Elemente der Satzklasse $\mathfrak{K}$*, wenn eine Bestätigungsreduktionskette in L_E mit der Prämissenklasse $\mathfrak{K}$ existiert, deren letztes Glied der Satz $\mathfrak{S}$ ist.

Wenn in der Bestätigungsreduktionskette nur logische Schritte verwendet werden, kann im Einklang mit dem oben Gesagten von *vollständiger* Zurückführbarkeit der Bestätigung von $\mathfrak{S}$ auf $\mathfrak{K}$ gesprochen werden. Kommt hingegen in allen Bestätigungsreduktionsketten, die den gewünschten Zusammenhang zwischen $\mathfrak{S}$ und $\mathfrak{K}$ herstellen, mindestens ein I-Schritt vor, so liegt nur eine *unvollständige* Zurückführbarkeit der Bestätigung vor.

Die atomaren Sätze von L_E sowie deren Negationen mögen auch *Basissätze* heißen. *Als Beobachtungssätze kann man derartige Basissätze wählen.* In ihnen wird ja behauptet, daß eine beobachtbare Eigenschaft einem beobachtbaren Objekt zukommt oder nicht zukommt (einstelliger Fall) oder daß eine beobachtbare Relation zwischen beobachtbaren Gegenständen besteht oder nicht besteht (mehrstelliger Fall). Es liegt nahe, für einen allgemeinen Begriff der Bestätigungsfähigkeit die folgende intuitive Idee zu benützen: Ein Satz soll bestätigungsfähig heißen, wenn dieser Satz aus einer endlichen und widerspruchsfreien Klasse von Beobachtungsaussagen durch endlich viele logische Schritte oder Induktionsschritte erreichbar ist. Dies führt zur folgenden Definition:

Ein Satz $\mathfrak{S}$ von L_E ist (*empirisch*) *bestätigungsfähig* genau dann wenn die Bestätigung von $\mathfrak{S}$ zurückführbar ist auf eine endliche und konsistente Klasse von Basissätzen aus L_E.

Je nach der oben beschriebenen Beschaffenheit der Bestätigungsreduktionskette kann $\mathfrak{S}$ als *vollständig* oder als *unvollständig bestätigungsfähig* bezeichnet werden.

Den Begriff der guten bzw. der schlechten Bestätigung von Aussagen auf Grund von akzeptierten Basissätzen führen wir dagegen *nicht* ein. Dies könnte erst im Rahmen einer detaillierten Theorie der Bestätigung geschehen, wie sie z. B. CARNAPs Induktive Logik darstellt. Einen solchen weitergehenden Begriff benötigen wir aber auch gar nicht. Was wir zeigen wollen, ist ja allein dies, daß die Sätze von L_E bestätigungs*fähig* sind.

Wir erinnern uns jetzt daran, daß die mit den früheren Signifikanzkriterien verbundenen Schwierigkeiten dadurch auftraten, daß erstens die Anwendung logischer Operationen nicht mehr unbegrenzt zugelassen werden konnte und daß zweitens Sätze mit gemischten Quantoren als nicht signifikant ausgeschieden werden mußten. Diese Schwierigkeiten treten nicht mehr auf, wenn der Signifikanzbegriff durch die folgende Bestimmung festgelegt wird:

(E_6) *Ein synthetischer Satz ist empirisch signifikant genau dann, wenn er in* L_E *übersetzbar ist.*

Was noch aussteht, ist der Nachweis, daß diese Signifikanzdefinition durch den oben eingeführten Begriff der empirischen Bestätigungsfähigkeit gedeckt wird. Ein strenger Nachweis ist allerdings deshalb ausgeschlossen, weil wir sowohl die Stärke als auch die Form der „höheren" Logik, die in L_E eingebaut wurde, offengelassen haben. Wir können uns jedoch mit einem bescheideneren Resultat zufriedengeben. Unter der *Teilsprache erster Ordnung* L^1 *von* L_E verstehen wir diejenige Sprache, die man erhält, wenn man sich darauf beschränkt, die Quantoren auf Individuenvariable anzuwenden. Sollte also z. B. L_E eine Typenlogik enthalten, so wären in L^1 keine Quantifikationen über Prädikate zugelassen. Es gilt nun das folgende

Theorem. *Alle Sätze von* L^1 *sind empirisch bestätigungsfähig.*

Wir begnügen uns damit, den Beweis dieses Theorems zu skizzieren, und geben hernach noch eine Illustration anhand eines schematischen Beispiels.

$\mathfrak{S}$ sei ein beliebiger Satz von L^1:

(1) In einem ersten Schritt führen wir $\mathfrak{S}$ in eine pränexe Normalform über. Der Satz hat dann eine Gestalt, die wir andeuten durch: $\wedge\vee \ldots \wedge\vee\, \Phi$, wobei die vor dem Φ stehenden Symbole das Quantorenpräfix bezeichnen und Φ eine quantorenfreie Molekularformel ist.

(2) Im zweiten Schritt beseitigen wir das Quantorenpräfix und substituieren für die ursprünglich gebundenen Individuenvariablen Individuenkonstante. Wo immer die Variable durch einen Allquantor gebunden war, können wir auch mehrfache Substitutionen vornehmen und dadurch mehrere Formeln erhalten. Auf diese Weise gewinnen wir entweder einen Molekularsatz oder eine Klasse von Molekularsätzen.

(3) Wir greifen einen auf diese Weise gewonnenen Satz heraus. Er möge Φ^* heißen. Wir führen ihn in eine adjunktive Normalform über: Jedes

einzelne Adjunktionsglied dieser Normalform enthält (in konjunktiver Verknüpfung) eine endliche Klasse von Basissätzen, aus denen Φ^* logisch folgt.

(4) Wir können daher jede dieser Klassen von Basissätzen als Prämissenklasse für die Konstruktion einer Bestätigungsreduktionskette wählen, deren letztes Glied der ursprüngliche Satz $\mathfrak{S}$ ist. Falls wir wünschen, daß als Grundlage für einen I-Schritt nicht nur *ein* Satz, sondern *mehrere* Sätze genommen werden, müssen wir dementsprechend mehrere Sätze von der Gestalt Φ^* herausgreifen und zu einer Klasse von Basissätzen zurückgehen, aus denen alle diese Sätze herleitbar sind.

Da $\mathfrak{S}$ *beliebig* gewählt worden ist, wurde somit gezeigt, daß jeder Satz der fraglichen Teilsprache empirisch bestätigungsfähig ist.

Als Beispiel betrachten wir einen Satz $\mathfrak{S}$ von der Gestalt: $\bigwedge x \bigvee y \bigwedge z\, \Phi(x,y,z)$, der ein Satz erster Ordnung von L_E sei. Wir „fädeln" die erforderliche Bestätigungsreduktionskette sozusagen von rückwärts auf. Angenommen, wir hätten bereits eine Bestätigung der drei Sätze gewonnen: $\bigvee y \bigwedge z\, \Phi(a_1, y, z)$, $\bigvee y \bigwedge z\, \Phi(a_2, y, z)$, $\bigvee y \bigwedge z\, \Phi(a_3, y, z)$. Dann können wir die Bestätigung von $\mathfrak{S}$ auf die Klasse dieser drei Sätze unvollständig, d. h. mittels eines I-Schrittes, zurückführen (strenggenommen würde ein einziger derartiger Satz als Basis genügen; daß wir drei Sätze wählten, dient nur dem Zweck größerer intuitiver Suggestivität). Die Bestätigung jedes dieser drei Sätze ist vollständig zurückführbar auf die eines Satzes von der Gestalt: $\bigwedge z\, \Phi(a_i, b, z)$ $(1 \leqq i \leqq 3)$, da wir nur den logischen Schritt der Existenzgeneralisation zu vollziehen brauchen. Nehmen wir nun weiter an, es stünden uns $3n$ Aussagen von der Gestalt zur Verfügung:

$$\Phi(a_i, b, c_1), \ldots, \Phi(a_i, b, c_n) \text{ (für } 1 \leqq i \leqq 3).$$

Für jeden der drei Werte von i würden wir eine Basis zur Verfügung haben, um zu den drei Sätzen:

$$\bigwedge z\, \Phi(a_i, b, z)$$

mittels eines I-Schrittes zu gelangen.

Damit ist gezeigt, daß es eine Bestätigungsreduktionskette gibt, die von den $3n$ Aussagen zu unserem Satz $\mathfrak{S}$ führt. Diese Sätze $\Phi(a_i, b, c_j)$ können aber noch immer Molekularsätze von sehr komplexer Gestalt sein. Wenn man sie alle in adjunktive Normalformen überführt, so erhalten wir durch jedes einzelne Adjunktionsglied dieser Normalform eine endliche Klasse von Basissätzen, woraus ein solcher Satz logisch folgt. Z. B. habe eine adjunktive Normalform von $\Phi(a_i, b, c_j)$ die folgende Gestalt: $\Psi_1(a_i, b, c_j) \vee \ldots \vee \Psi_r(a_i, b, c_j)$. Jedes Glied $\Psi_k(a_i, b, c_j)$ hat die Gestalt: $(\pm)\Gamma_{k_1}(a_i, b, c_j) \wedge (\pm) \ldots \wedge (\pm)\Gamma_{k_s}$, wobei die Sätze Γ_{k_l} Atomsätze sind und durch „$(\pm)$" angedeutet sein soll, daß sie entweder unnegiert oder negiert vorkommen. Wenn wir die s Basissätze, auf die wir in Ψ_k stoßen, herausgreifen, so erhalten wir auf diese Weise eine Verifikationsbasis von $\Phi(a_i, b, c_j)$. Da wir dies für *jeden* derartigen Satz tun können, und die Vereinigung von endlich vielen Klassen mit jeweils endlich vielen Elementen abermals eine endliche Klasse liefert, haben wir somit gezeigt, daß $\mathfrak{S}$ empirisch bestätigungsfähig, allerdings wegen der beiden darin vorkommenden Allquantoren nur unvollständig bestätigungsfähig ist. Dies aber sollte gerade gezeigt werden.

Bevor wir die Diskussion beschließen, soll ein Hinweis auf die späteren Gründe dafür gegeben werden, selbst über diese viel liberalere empiristische Konzeption noch hinauszugehen. Dazu müssen wir bedenken, daß gemäß Voraussetzung alle Terme, die keine Grundterme sind, *durch Definition in* L_E *eingeführt* worden sein müssen. Jeder Satz, der definierte Terme enthält, kann danach in eine Aussage übersetzt werden, die nur Grundterme enthält. Da die Grundterme jedoch ausschließlich Beobachtbares zum Gegenstand haben, *wäre jeder Satz in einen solchen übersetzbar, der nur über beobachtbare Phänomene spricht.* Dies würde sich daran zeigen, daß der Satz nur aus Beobachtungstermen, Junktoren und Quantoren aufgebaut wäre.

Diese Vorstellung vom Aufbau einer empiristischen Sprache dürfte aber nicht vereinbar sein mit dem, was in modernen naturwissenschaftlichen Theorien getan wird. Es scheint nicht möglich zu sein, sämtliche Aussagen einer solchen Theorie in noch so komplizierte Aussagen über Beobachtbares zu übersetzen. Wenn dem aber so ist, dann existieren auch keine Bestätigungsreduktionsketten, die von endlichen und konsistenten Klassen von Beobachtungssätzen zu den Aussagen einer solchen Theorie führen. Es wird später zu überprüfen sein, ob und wie diese Tatsache mit der empiristischen Grundvorstellung in Einklang gebracht werden kann. Die Forderung, daß die für die Formulierung von Theorien verwendbare Wissenschaftssprache *vollständig interpretiert* ist, wird dann fallen zu lassen sein. Nur für die Beobachtungssprache wird diese Forderung weiterhin Bestand haben. Für die theoretische Sprache muß sie preisgegeben werden. Für die letztere werden wir uns mit einer *partiellen Deutung* zu begnügen haben. Natur und Problematik dieser partiellen Deutung werden noch genau zur Sprache kommen.

3.c Die Einführung der analytisch-synthetisch-Dichotomie in die Sprache L_E. Obwohl wir an früherer Stelle ausdrücklich betont haben, daß wir hier nicht in die Diskussion um die Begründung der ersten Teilthese des Empirismus eintreten wollen, soll doch wenigstens kurz angedeutet werden, wie die Unterscheidung „analytisch — synthetisch" nach der Vorstellung CARNAPs in L_E einzuführen ist. Die Methode kann auf die spätere Beobachtungssprache L_B übertragen werden. Für die theoretische Sprache hingegen hat es sich als notwendig erwiesen, ein völlig neues Verfahren zu entwickeln. Dieses soll in VII,6 geschildert werden.

In einem ersten Schritt sind die Begriffe der *logischen Wahrheit* sowie der *logischen Falschheit* einzuführen. Hier kommt es auf die Bedeutungen der deskriptiven Ausdrücke überhaupt nicht an, sondern allein auf die Bedeutungen der logischen Zeichen. Der Wahrheitswert einer logisch wahren oder logisch falschen Aussage ist durch die Bedeutungen der logischen Ausdrücke allein bestimmt. Zu den logisch wahren Sätzen gehören vor allem die aussagenlogischen Tautologien sowie die quantorenlogisch gültigen Sätze.

Die *analytisch wahren Aussagen* bilden eine viel umfassendere Klasse als die logisch wahren; ebenso die *analytisch falschen* (kontradiktorischen) *Aussagen* eine viel umfassendere Klasse als die logisch falschen. Hier werden zusätzlich *die Bedeutungsrelationen zwischen den deskriptiven Ausdrücken* verwendet. KANT, auf den die Unterscheidung der Propositionen in die analytischen und die synthetischen zurückgeht, hatte in erster Linie an solche Sätze gedacht. Sein berühmtes Beispiel einer analytischen Wahrheit: „alle Körper sind ausgedehnt" bildet keine logische Wahrheit im obigen Sinn. In quantorenlogischer Schreibweise würde sie ja lauten: „$\bigwedge x(Kx \rightarrow Ax)$"; und dies ist offenbar *keine* quantorenlogisch gültige Aussage. KANTs Intention läßt sich vermutlich am besten folgendermaßen wiedergeben: Die obige Aussage kann dadurch in eine rein logisch wahre transformiert werden, daß man eine Analyse der Bedeutung des deskriptiven Prädikates „ist ein Körper" vorschaltet. Ein Körper ist danach ein reales Ding, welches ausgedehnt ist. Mit „Rx" für „x ist ein reales Ding" können wir also *unter Verwendung der Definition*:

$$\bigwedge x\,(Kx \leftrightarrow Rx \wedge Ax)$$

die obige Aussage in die *logische* Wahrheit *überführen*:

$$\bigwedge x\,(Rx \wedge Ax \rightarrow Ax)$$ (alle realen ausgedehnten Dinge sind ausgedehnt).

Wie kann man aber eine Entscheidung darüber fällen, ob die Bedeutung eines deskriptiven Ausdruckes korrekt analysiert worden sei? Die Antwort darauf muß lauten: In bezug auf die natürliche Sprache ist eine solche Entscheidung häufig *überhaupt nicht* möglich, und zwar nicht nur wegen der Vagheit und Ungenauigkeit alltagssprachlicher Ausdrücke, *sondern weil wir uns hier oftmals gar keine Gedanken darüber machen, ob Dinge bestimmter Art auf Grund von Erfahrungen ein Merkmal besitzen oder ob das Merkmal ein Bestandteil des fraglichen Artbegriffs ist.* Erst wenn neue Dinge entdeckt werden, die erstens das fragliche Merkmal nicht aufweisen und die zweitens alle übrigen Artmerkmale besitzen, wird uns bewußt, daß wir eine Entscheidung treffen müssen. Dies war z. B. die Situation, als man erstmals in Australien schwarze Schwäne entdeckte, nachdem man vorher nur viele Millionen von ausnahmslos weißen Schwänen beobachtet hatte. Es wäre prinzipiell möglich, auf solche Befunde in doppelter Weise zu reagieren; nämlich entweder mit der Feststellung:

(1) Die bisher allgemein für richtig gehaltene Hypothese, daß alle Schwäne weiß seien, ist durch die Beobachtungen schwarzer Schwäne widerlegt worden;

oder mit der Aussage:

(2) Diese schwarzen Tiere, welche man in Australien entdeckt hat, sind gar keine Schwäne.

Prinzipiell besteht kein Verfahren, um zu entscheiden, ob der Verfechter der Behauptung (1) oder der Verfechter der Behauptung (2) recht hat. Wer (1) vertritt, bringt damit zum Ausdruck, daß er die weiße Farbe *nicht* als Definitionsbestandteil des Begriffs des Schwanes ansehen wolle, sondern als eine Eigenschaft, die den früher beobachteten Schwänen erfahrungsgemäß zukam. Der Vertreter der Behauptung (2) hingegen deutet den Satz „alle Schwäne sind weiß" zum Unterschied vom Verfechter der These (1) als eine analytische Aussage, da die weiße Farbe einen Bedeutungsbestandteil des Begriffs des Schwanes ausmache. Auf alltagssprachlicher Ebene könnte der Streit um die Richtigkeit von (1) oder (2) endlos fortgesetzt werden, ohne zu einem definitiven Ergebnis zu gelangen. Der Vertreter von (1) würde vermutlich für die Auffassung (2) gar kein Verständnis aufbringen, da er darin nur einen unfairen Versuch seines Opponenten erblikken würde, den Satz „alle Schwäne sind weiß" um jeden Preis gegen mögliche empirische Revision zu immunisieren.

Anmerkung. Auch die beiden Sätze „alle und nur die Menschen sind vernünftige Lebewesen" (a) sowie „alle und nur die Menschen sind ungefiederte Zweibeiner" (b) scheinen vielen Philosophen von ARISTOTELES bis zur Gegenwart hinsichtlich der Frage der Analytizität Kopfzerbrechen zu bereiten. Die meisten Philosophen waren geneigt, (a) als analytisch und (b) als synthetisch zu bezeichnen. Ich selbst würde beide als synthetisch deuten. Sollte ich mich dagegen entscheiden *müssen*, mindestens eine dieser beiden Aussagen als analytisch anzuerkennen, so würde ich vermutlich (b) gegenüber (a) den Vorzug geben. Ich würde lieber die Tatsache in Kauf nehmen, ein lebendes gerupftes Huhn als Mensch zu bezeichnen, als ameisenähnliche vernünftige Wesen auf einem fernen Planeten als Menschen zu bezeichnen, ganz zu schweigen davon, daß ich größte Skrupel hätte, gewisse unter meinen Zeitgenossen unter die Rubrik „vernünftiges Lebewesen" subsumieren zu müssen.

In der präzise aufgebauten Sprache L_E wird eine derartige Unklarheit dadurch vermieden, daß die Bedeutungen der deskriptiven Prädikatausdrücke durch eigene *Bedeutungspostulate* oder *Analytizitätspostulate* festgehalten werden. Nehmen wir z. B. an, der Erbauer der Sprache L_E habe *beschlossen*, *kein* Analytizitätspostulat zu akzeptieren, aus welchem der Satz „alle Schwäne sind weiß" logisch folgt. Dagegen habe er unter seine Analytizitätspostulate das folgende aufgenommen:

(3) Alle Störche haben rote Beine.

Bei der oben geschilderten, in Australien gemachten Entdeckung würde dieser Erbauer von L_E also genauso reagieren wie der Vertreter der Behauptung (1). Sollten hingegen einmal in Zukunft Vögel entdeckt werden, die in bezug auf alle übrigen Merkmale wie Störche aussehen, jedoch *grüne* Beine haben, so würde er diesmal analog reagieren müssen, wie im ersten

Beispiel der Vertreter der These (2). Er würde sagen, daß es sich bei diesen Vögeln nicht um Störche handle.

In diesem Zusammenhang müssen wir allerdings kurz auf einen Einwand zu sprechen kommen, der von den Gegnern der analytisch-synthetisch-Dichotomie vorgebracht zu werden pflegt und der im Anschluß an das erste Beispiel bereits angedeutet worden ist: *Bedeutet die Annahme von Analytizitätspostulaten nicht eine willkürliche Immunisierung bestimmter Sätze gegen neue Erfahrungen?*

Darauf ist zweierlei zu erwidern: Erstens wird die Entscheidung für oder gegen die Annahme eines Analytizitätspostulates keineswegs willkürlich im Sinne von *grundlos* sein. Der Erbauer wird dafür vielmehr in der Regel *sinnvolle Motive* angeben können. Betrachten wir als Beispiel den Fall, daß er noch niemals etwas von rabenartigen Vögeln gehört hat, die eine weiße Farbe haben. Trotzdem entscheidet er sich dafür, den Satz: „alle Raben sind schwarz" nicht als Analytizitätspostulat aufzustellen. Diesen Entschluß könnte er z. B. so motivieren: „Es ist eine biologische Tatsache, daß bei vielen Tiergattungen ebenso wie beim Menschen sogenannte Albinos beobachtet wurden. Es könnte daher auch Raben-Albinos geben, obwohl ich bisher nichts davon gehört habe. Es wäre unvernünftig, solchen Tieren das Merkmal ‚Rabe' abzuerkennen. Es werden ja auch weiße Hirsche und weiße Elefanten nicht als Nichthirsche bzw. Nichtelefanten klassifiziert." Umgekehrt wäre er, gestützt auf den naturwissenschaftlichen Sprachgebrauch, bereit, das spezifische Gewicht des Goldes und gewisse chemische Beschaffenheiten des Goldes in die Analytizitätspostulate über das Gold aufzunehmen. Er wäre mit dieser Feststellung bereit, den Zwang in Kauf zu nehmen, sagen zu müssen, *der Begriff des Goldes habe seit der Antike einen Bedeutungswandel erfahren.* Denn damals stützte man sich allein auf die gelbe Farbe dieses Metalls; dagegen wußte man nichts vom spezifischen Gewicht oder von den fraglichen chemischen Eigenschaften.

Zweitens ist nicht zu vergessen, *daß die Struktur einer einmal aufgebauten Kunstsprache kein unantastbares Heiligtum darstellt.* Wenn neue, früher nicht beachtete Gründe zutage treten, so kann die Sprache umgebaut werden. Sollten nach Annahme von (3) als Bedeutungspostulat immer mehr storchartige Vögel mit grünen Beinen beobachtet werden, die im übrigen genau dieselben Beschaffenheiten und Lebensgewohnheiten besitzen wie die Störche, so wird sich der Erbauer von L_E vielleicht aus Zweckmäßigkeitsgründen entschließen, den semantischen Teil seiner Sprache zu ändern und (3) aus der Klasse der Analytizitätspostulate wieder zu entfernen.

Dieser zweite Punkt ist von Wichtigkeit. Er zeigt, daß der Beschluß, etwas als analytisch anzuerkennen, *nicht* auf eine endgültige Immunisierung bestimmter Sätze gegenüber Beobachtungsbefunden hinausläuft. Was geschieht, ist vielmehr folgendes: Es werden, wieder aus Zweckmäßigkeitsgründen (!), *zwei Prozesse methodisch getrennt*, nämlich erstens der Akt des

Sprachaufbaues von L_E und zweitens der Akt der *Annahme oder Verwerfung* bestimmter Sätze von L_E. Das rationale Motiv für diese methodische Trennung bildet die Tatsache, daß Bedeutungsrelationen zwischen deskriptiven Ausdrücken bereits in der Alltagssprache anzutreffen sind — mit den früher erwähnten Einschränkungen — und daß es nicht als vernünftig erscheint, *diesen Aspekt der natürlichen Sprache* in der formalen Sprache *nicht* nachzuzeichnen; denn die Preisgabe der Dichotomie liefe darauf hinaus, für formale Sprachen überhaupt keine Bedeutungsrelationen anzuerkennen.

Die wichtigsten alltagssprachlichen Fälle analytisch wahrer bzw. kontradiktorischer Aussagen bilden Sätze, in denen *Relationsausdrücke* vorkommen: z. B. solche, mit denen wir Verwandtschaftsbeziehungen oder sonstige zwischenmenschliche Relationen (etwa das Verhältnis von Lehrer und Schüler) bezeichnen, oder diejenigen, die wir mittels des grammatikalischen Komparativs ausdrücken (Wärmer als, Größer als). So etwa wird die Relation Wärmer als nichtsymmetrisch angesehen oder die Vaterrelation als eine nichtreflexive, nichtsymmetrische und nichttransitive Relation betrachtet; und zwar werden alle diese Feststellungen als *analytische* Wahrheiten aufgefaßt. Deshalb wird man auch die folgende Aussage als analytisch klassifizieren:

(4) Wenn Hans Vater von Peter ist, so ist Peter nicht Vater von Hans.

Anmerkung. Es ist heute üblich geworden, für analytische Wahrheiten die Quinesche Kurzformel zu benützen, wonach es sich dabei um Sätze handelt, die entweder selbst logische Wahrheiten darstellen oder die durch Austausch *synonymer* Ausdrücke in logische Wahrheiten überführbar sind. Ein derartiger Versuch, den Analytizitätsbegriff auf den Synonymitätsbegriff zurückzuführen, ist jedoch *inadäquat.* Nur *gewisse* Fälle sind auf diese Weise charakterisierbar, z. B. das Kant-Beispiel. Dagegen würde bereits die einfache analytische Aussage (4) von dieser Definition nicht mehr erfaßt werden: Keine wie immer geartete Ersetzung von „Vater" durch einen synonymen Ausdruck würde (4) in eine logische Wahrheit überführen. Der Grund dafür ist leicht zu erkennen: (4) enthält nur einen einzigen deskriptiven Ausdruck. Um die Quinesche Charakterisierung der Analytizität mit Erfolg anwenden zu können, müssen in der betreffenden Aussage *mindestens zwei* deskriptive Ausdrücke vorkommen. *Die Einsicht, daß es nicht möglich ist, den Begriff der Analytizität auf den der logischen Wahrheit und der Synonymität zu reduzieren, war es, die* Kememy *und* Carnap *dazu veranlaßte, den neuen Begriff des Bedeutungspostulates einzuführen.*

Zum Abschluß sei noch vor einer möglichen Konfusion gewarnt. Angenommen, der Satz (3) sei analytisch. Ist dann auch die Aussage:

(5) „Der Satz (3) ist analytisch"

selbst eine analytische Feststellung? Hier ist eine Unterscheidung zu treffen. *Entweder* der Satz (3) bildet einen Satz der Umgangssprache. Dann ist (5) *keine* analytische Aussage, sondern *eine empirisch-hypothetische Aussage*, die sich auf den deutschen Sprachgebrauch bezieht, nämlich auf das *faktische* Bestehen von Bedeutungsrelationen zwischen deutschen Wörtern. *Oder* der

Satz (3) ist bloß die alltagssprachliche Übersetzung eines Satzes der formalen Sprache L_E. Dann ist (5) nicht nur analytisch wahr, sondern sogar *logisch wahr* im engeren Sinn des Wortes[14]. Der Begriff der Analytizität ist ja für L_E extensional durch explizite Angabe der Analytizitätspostulate eingeführt worden, und (3) war nach Annahme eines dieser Postulate.

Der Grund für die große Schwierigkeit, später den Begriff der Analytizität in die theoretische Sprache L_T einzuführen, läßt sich jetzt bereits angeben: Alle deskriptiven Konstanten dieser Sprache sind bloß partiell gedeutete Terme. *Wie aber läßt sich über Bedeutungsrelationen zwischen Ausdrücken reden, deren Bedeutungen man überhaupt nicht genau angeben kann?* Im letzten Kapitel wird der originelle und neuartige Vorschlag CARNAPs, wie diese Frage zu beantworten sei, geschildert.

3.d Schefflers Kritik am Übersetzungskriterium. Wir müssen die Bemerkung vorausschicken, daß CARNAP in [Testability] zwar die empiristische Sprache präzise beschrieben, ein Signifikanzkriterium aber überhaupt nicht explizit und somit auch nicht in der Gestalt (E_6) angegeben hat. Diese Formulierung geht vielmehr auf HEMPEL zurück[15]. I. SCHEFFLER hat dagegen einen zwingenden Einwand vorgebracht[16]. *In der Formulierung steckt nämlich vom inhaltlichen Standpunkt aus ein Zirkel.* Dies erkennt man nach einer kurzen Reflexion über den dabei verwendeten *Begriff der Übersetzung*.

Was dabei miteinander in Beziehung gesetzt wird, ist eine Aussage S, die in der Alltagssprache formuliert wurde — bzw. in der um technische bzw. um physikalische Ausdrücke erweiterten Alltagssprache —, auf der einen Seite, und eine Aussage S^* von L_E, welche die Übersetzung von S in diese formale Sprache darstellt, auf der anderen Seite. Genauer müßte man daher die Beurteilung der Signifikanz auf Grund des Kriteriums (E_6) so formulieren: *Dann und nur dann, wenn die Übersetzung S^* von S in die Symbolik von L_E eine zulässige Aussage von L_E darstellt, ist S empirisch signifikant.* Diese Beurteilung von S ist aber nur dann adäquat, wenn die Übersetzung von S in S^* eine *korrekte* Übersetzung war. Bei Verwendung nicht korrekter Übersetzungen könnte man ja entweder den Fehler begehen, eine nicht signifikante Aussage unberechtigterweise in die Klasse der signifikanten Aussagen hineinzuschmuggeln, oder den umgekehrten Fehler, eine signifikante Aussage aus dieser Klasse auszuschließen. Wie aber steht es nun mit dem Begriff der korrekten Übersetzung? Man wird auf alle Fälle die folgende Minimalforderung für diesen Begriff aufstellen können: Die Übersetzung eines Satzes X in einen Satz X^* ist nur dann korrekt, *wenn der*

[14] Man beachte allerdings, daß dieses Prädikat „logisch wahr" zur Metametasprache gehört, da es auf den metasprachlichen Satz (5) angewendet wird.

[15] Vgl. dazu [CHANGES], S. 173.

[16] Vgl. [Prospects], S. 8ff., sowie [Anatomy], S. 154ff. Dort finden sich auch verschiedene konkrete Beispiele.

Wahrheitswert erhalten bleibt. Damit aber sind wir in eine Zwickmühle hineingeraten. Um überhaupt feststellen zu können, ob ein Satz wahr oder falsch ist, *muß ich bereits wissen, ob er überhaupt ein sinnvoller Satz ist* (vgl. Prinzip (II) von 1.c). Die Anwendung des Kriteriums (E_6) auf unseren potentiellen Kandidaten führt somit in einen *Zirkel: Unter Benützung einer korrekten Übersetzung von S in L_E soll beurteilt werden, ob S signifikant ist oder nicht. Um beurteilen zu können, ob die Übersetzung wirklich korrekt ist, muß man bereits wissen, ob S signifikant ist oder nicht.* Man überlege sich den Sachverhalt am Beispiel des Satzes: „Schweine enzephalieren gewöhnlich bravotisch".

Es scheint nur *einen* Ausweg zu geben: Wir müssen uns vom Begriff der Übersetzbarkeit befreien. Nicht die *Übersetzbarkeit in* eine empiristische Sprache, sondern die *Zugehörigkeit zu* einer empiristischen Sprache muß als Kriterium der Signifikanz gewählt werden. Auf diese Weise gelangen wir zu der Fassung:

(E_7) *Ein synthetischer Satz S ist empirisch signifikant genau dann wenn es eine empiristische Sprache L_E gibt, so daß S ein zulässiger Satz in L_E ist.*

Man beachte die starke Einschränkung, die man mit dem Übergang von (E_6) zu (E_7) in Kauf zu nehmen hat. Während das Kriterium (E_6) dazu dienen sollte, satzartige Gebilde, die *außerhalb* der formalen Sprache L_E angetroffen werden, auf ihre Signifikanz zu beurteilen, kann das Kriterium (E_7) nur auf satzartige Gebilde *innerhalb von L_E* selbst angewendet werden.

Mit der Formulierung von (E_7) sind die Diskussionen über das Signifikanzkriterium noch lange nicht abgeschlossen. Der Grund dafür liegt nicht in der inadäquaten Fassung von (E_7), sondern *in dem viel zu primitiven Bild einer empiristischen Sprache L_E*, welches darin implizit enthalten ist. Während wir früher eine potentiell unendliche Liste von Sprachen der Gestalt L_E erhielten, die sich hauptsächlich durch die Art der Formulierung und durch die Stärke des logisch-mathematischen Apparates voneinander unterschieden, so wurde doch *an einem gemeinsamen Merkmal* aller dieser Sprachen festgehalten: Sämtliche undefinierten deskriptiven Konstanten wurden als *Beobachtungsterme* vorausgesetzt, und von allen übrigen deskriptiven Konstanten wurde verlangt, daß sie *durch explizite Definitionen* auf diese Grundterme zurückführbar sind. Diese beiden Annahmen müssen preisgegeben werden.

Kapitel IV

Motive für die Zweistufentheorie und die Lehre von der partiellen Interpretation theoretischer Terme

1. Die Diskussion über die Einführung von Dispositionsprädikaten

1.a Das Problem: Die Inadäquatheit operationaler Definitionen. Blickt man auf den Begriffsapparat der empiristischen Sprache L_E, so zerfällt dieser erschöpfend in zwei Klassen: in die Klasse der undefinierten Grundbegriffe und in die Klasse der definierten Begriffe. Dem Grundprinzip des Empirismus ist dadurch Rechnung getragen, daß die zur ersten Klasse gehörenden Begriffe Beobachtungsbegriffe sind, welche den Inhalt von Beobachtungsprädikaten bilden. Da alle übrigen Prädikate mit Hilfe dieser Beobachtungsprädikate definierbar sind, ist in diesem scharfen Sinn „alles auf das Beobachtbare zurückgeführt".

Wir haben bereits gesehen, daß ein empiristisches Signifikanzkriterium, für welches diese Sprache L_E zugrundegelegt wird, sicherlich nicht zu weit ist: Alle Sätze dieser Sprache sind durch die Erfahrung zu bestätigen und daher empirisch signifikant. *Aber vielleicht erweist sich auch dieses Kriterium wieder als zu eng?* Könnte es nicht Begriffe und Sätze geben, welche vom intuitiven naturwissenschaftlichen Standpunkt aus als empirisch signifikant betrachtet werden müssen, aber nicht in der Sprache L_E ausdrückbar sind?

In diesem Kapitel werden wir eine Reihe von Gründen anführen, die dafür sprechen, daß diese beiden letzten Fragen *zu bejahen* sind. Damit wäre zugleich gezeigt, daß der im vorigen Kapitel gewonnene Begriff der empiristischen Sprache *erweitert* werden muß. Wir stehen dann unmittelbar vor dem neuen *Problem einer präzisen Rekonstruktion dieser Erweiterung.* Die Untersuchungen des nun folgenden Kapitels werden zeigen, daß dieses Problem äußerst schwierig ist.

Das älteste Motiv dafür, den Rahmen der primitiven empiristischen Sprache L_E zu sprengen, dürfte aus CARNAPs *Untersuchungen über die logische Natur von Dispositionsprädikaten* hervorgegangen sein.

Dispositionsprädikate haben dispositionelle Eigenschaften oder dispositionelle Relationen zum Inhalt. Beides fassen wir unter dem Begriff der Disposition zusammen. *Was ist eine Disposition?* Auf diese Frage gibt man am besten zwei Antworten, nämlich erstens eine allgemeine intuitive

Erläuterung und zweitens eine Aufzählung von Beispielen dispositioneller Merkmale aus den verschiedensten Wissenschaftsbereichen.

Zum ersten: Unter einer Disposition eines Objektes versteht man dessen *Fähigkeit* oder *Neigung* – oder, wie man früher in der Philosophie häufig sagte: dessen *Vermögen* –, *unter geeigneten Umständen in bestimmter Weise zu reagieren*. Mehr kann man auf dieser allgemeinen Stufe kaum sagen. Deshalb ist diese Antwort auch nicht sehr informativ. Man kann sie nur durch die negative Feststellung ergänzen, daß Dispositionen *keine unmittelbar wahrnehmbaren Eigenschaften oder Beziehungen* darstellen. Vielmehr kann über das Vorliegen oder Nichtvorliegen solcher Merkmale erst auf Grund systematischer Beobachtungen von Verhaltensweisen entschieden werden; und auch das nicht definitiv, wie sich zeigen wird.

Eine anschaulichere Vorstellung von Dispositionen erhalten wir, wenn wir uns Beispiele von Dispositionen in verschiedenen Bereichen der Wissenschaft und des täglichen Lebens ansehen.

Sehr viele *Eigenschaften physischer Objekte* sind Dispositionen. Häufig werden diese durch Worte bezeichnet, die mit Silben, wie „lich", „bar", „isch" enden. Einem Dispositionsprädikat wird dabei gewöhnlich ein konträres entgegengestellt, das meist durch die Vorsilbe „un" angezeigt wird. So erhalten wir etwa die folgenden Gegensatzpaare: zerbrechlich – unzerbrechlich; löslich in Wasser (oder in einer anderen Flüssigkeit) – unlöslich; zerreißbar – unzerreißbar; dehnbar – undehnbar; elastisch – unelastisch. Zu beachten ist hierbei, daß bisweilen Wörter, die *keine* Dispositionen bezeichnen, insbesondere Empfindungswörter, ebenfalls so enden (z. B.: „es riecht brenz*lig*"; „er verteidigt hartnäck*ig* seine Position"; „er ist in freund*licher* Stimmung").

Auch unter den wahrnehmbaren Eigenschaften finden sich häufig Dispositionen. Wir unterscheiden sie von den *Phänomenen* oder *manifesten Eigenschaften*. Da wir in den meisten Fällen dieselben sprachlichen Ausdrücke verwenden, ist es oft nicht klar, ob eine dispositionelle oder eine manifeste Eigenschaft gemeint ist. In den meisten Fällen wird z. B. bei Farbwörtern („blau", „rot") oder Bezeichnungen für Wärmequalitäten („heiß", „kalt") das erstere der Fall sein, aber nicht immer. *Vielmehr sind diese Ausdrücke alle zweideutig*. Als Kriterium dafür, ob wir mit einem Ausdruck eine Disposition oder eine manifeste Eigenschaft bezeichnen wollen, kann man folgendes benützen: Sofern der Satz „a ist P" einen anderen Sinn hat als „a scheint P zu sein", so bezeichnet „P" eine Disposition. Wenn hingegen Sinngleichheit besteht, so liegt eine manifeste Eigenschaft vor. Falls ich die Äußerung: „dieses Ding ist blau" im Sinn von „dieses Ding scheint blau zu sein" (oder: „dieses Ding erscheint mir jetzt als blau") verstehe, so wird das Farbprädikat „blau" zur Bezeichnung einer manifesten oder phänomenalen Eigenschaft verwendet: Blau sein *heißt* hier soviel wie mir-jetztals-blau-Erscheinen. Wenn ich hingegen sage: „dieses Ding scheint grün zu sein, ist aber blau“, so bezeichnet „blau“ eine Disposition. Analog verhält es sich mit einer Aussage wie: „dieses Ding scheint heiß zu sein, ist aber gar nicht heiß“ (sondern nur ich habe gerade jetzt kalte Finger). Häufig wird in solchen alltäglichen Wendungen die Disposition als das *wahre* oder *wirkliche* Merkmal bezeichnet. So etwa hätte man in den beiden angeführten Äußerungen hinter „ist aber“ beide Male „in Wirklichkeit“ bzw. „in Wahrheit“ einfügen können[1]. Die Frage, wann in einem derartigen Fall das dispositionelle Merkmal vorliegt, ist nicht leicht zu beantworten. Meistens setzen wir dabei irgend einen nicht scharf umrissenen *Normalitätsstandard* voraus, der je nach der Qualität ein anderer ist. Im Farbenbeispiel wird es sich etwa darum handeln, daß die *wirkliche* Eigenschaft jene ist, die von einem Normalsichtigen (insbesondere also einem nicht Farbenblinden) bei hellem Tageslicht beobachtet wird. Ein in diesem Sinn blaues Objekt kann als grün erscheinen, wenn es bei künstlichem gelben Licht beobachtet wird. Diese Unterscheidung zwischen dem *Wirklichen* und dem *nur Erscheinenden* hat natürlich nichts zu tun mit der Unterscheidung zwischen dem Wahrnehmbaren und gewissen in der Physik gleich benannten Merkmalen oder Vorgängen (Wellenbewegungen, molekularen Prozessen u. dgl.). Wir beziehen uns hier vielmehr *nur* auf das Wahrnehmbare. Unsere Bemerkungen haben keinen anderen Sinn als den, die Aufmerksamkeit darauf zu richten, daß auch die wahrnehmbaren Eigenschaften in der überwiegenden Mehrzahl der Fälle keine manifesten Eigenschaften, sondern Dispositionen sind.

Eine weitere Klasse bilden die *psychischen Dispositionen*. Der Unterschied zwischen einem manifesten und einem dispositionellen Prädikat wird besonders deutlich, wenn man „Erinnerung“ (oder: „sich erinnern“) mit „Gedächtnis“ vergleicht. Wenn ich feststelle: „ich habe ein sehr schlechtes Gedächtnis“, so schreibe ich mir selbst eine bestimmte Disposition zu. Ein gutes oder schlechtes Gedächtnis zu haben, ist keine unmittelbar beobachtbare Eigenschaft, sondern eine *Fähigkeit*. Wenn ich hingegen sage: „ich erinnere mich jetzt genau an unsere letzte Begegnung am 10. Dezember vergangenen Jahres“, so spreche ich über etwas, was jetzt gerade in mir stattfindet. (Im Rahmen einer psychologischen Theorie, die in einer reistischen Sprache formuliert ist, kann allerdings auch „Erinnerung“ als Dispositionsprädikat eingeführt werden. Darin äußert sich die Tatsache, daß der Unterschied zwischen manifesten und dispositionellen Prädikaten kein absoluter Unterschied ist, sondern von der Art und Weise der Einführung dieser Prädikate in die Sprache abhängt.) Andere Beispiele von psychischen Dispositionen sind alle Intelligenzmerkmale sowie Charaktereigenschaften

[1] Die Notwendigkeit für die hier angedeutete Unterscheidung ist erstmals J. Locke bewußt geworden. Mit seiner *Lehre von den primären und sekundären Qualitäten* hat er sich jedoch für das hier auftauchende Problem eine vollkommen absurde Lösung ausgedacht.

(sei es in der alltäglichen, sei es in der streng wissenschaftlichen Terminologie), also z. B. die Eigenschaften, welche durch Prädikate wie „gutmütig", „jähzornig", „scharfsinnig", „tapfer", „introvertiert" ausgedrückt werden. Man kann es einem Menschen nicht unmittelbar ansehen, ob er jähzornig, (scharfsinnig etc.) ist – wie man ihm ansehen kann, ob er blauäugig oder blond ist –; vielmehr muß man dazu untersuchen, *wie er sich in geeigneten Situationen verhält.*

Auch zahlreiche Begriffe der Soziologie, Ethnologie, Nationalökonomie und Politologie sind Dispositionsbegriffe. Dies sind Begriffe wie „sozialistisch", „matriarchalisch", „marktwirtschaftlich", „demokratisch". Ähnlich wie bei den wahrnehmbaren Eigenschaften ist aber auch hier Vorsicht am Platz. Dieselben Ausdrücke werden bisweilen als nichtdispositionelle Prädikate verwendet. Die Doppeldeutigkeit sei am Beispiel des Prädikates „demokratisch" erläutert. Man kann diesen Ausdruck als etwas auffassen, das eine manifeste Eigenschaft von schriftlich fixierten Staatsverfassungen bezeichnet. Es kann nun der Fall eintreten, daß der Verfassung eines Staates dieses Merkmal zukommt und man trotzdem zu der Feststellung gelangt, der betreffende Staat sei *in Wahrheit* gar keine Demokratie, sondern werde totalitär regiert: die angeblich garantierten freien Wahlen seien nur scheinbar frei, weil die Wähler bei der Stimmabgabe Drohungen und geheimen Beaufsichtigungen ausgesetzt seien, das Stimmergebnis außerdem keiner objektiven Überprüfung unterliege, sondern verfälscht werde; die Opposition sei nur eine von der Regierungspartei zugelassene und unter ihrer Kontrolle stehende Scheinopposition etc. Bei dieser Behauptung wird der Ausdruck „demokratisch" als Bezeichnung einer komplexen Disposition aufgefaßt, in der nicht nur auf den Aufbau des Staates und seiner Organe Bezug genommen wird, sondern auch *auf die Verhaltensweisen* der Regierungsorgane, der Parlamentsmitglieder, der Parteibosse, des Wählervolkes, auf die Art und Weise der Ausnützung politischer Machtstellungen usw.

An fünfter und letzter Stelle führen wir diejenige Klasse von Dispositionen an, welcher in wissenschaftstheoretischen Abhandlungen gewöhnlich die Beispiele entnommen werden: Es handelt sich um physikalische, chemische und andere naturwissenschaftliche Begriffe verschiedenster Allgemeinheitsstufe (bereits einige Prädikate der ersten Klasse gehören hierher, soweit sie nicht aus dem vorwissenschaftlichen Alltag stammen). Magnetisch zu sein, ist ebenso ein dispositionelles physikalisches Merkmal wie die Eigenschaft, ein guter Wärmeleiter bzw. ein guter Elektrizitätsleiter zu sein, oder die Eigenschaft, ein Katalysator zu sein. Eine Säure zu sein oder eine Base zu sein, sind dispositionelle chemische Eigenschaften. Zwei einfache dispositionelle biologische Prädikate sind die Terme „rezessiv" und „dominant".

Wie bereits diese andeutungsweise angeführten Beispielsklassen zeigen, *handelt es sich bei der überwältigenden Mehrheit sowohl der alltagssprachlichen wie der wissenschaftlichen Prädikate um Dispositionsprädikate.*

Da bei jedem systematischen Aufbau einer Wissenschaft die Zahl der Grundprädikate klein gewählt werden muß, um ein möglichst einfaches System zu errichten und um nicht die Übersicht zu verlieren, wird man sicherlich nicht alle Dispositionsprädikate als Grundprädikate wählen können. Damit sind wir bereits auf die entscheidende Frage gestoßen: „*In welcher Weise sollen Dispositionsprädikate, die keine Grundprädikate sind, in die Wissenschaftssprache eingeführt werden?*"

Lange Zeit hindurch hat man geglaubt, auf diese Frage eine ganz einfache Antwort geben zu können, die auch im Einklang steht mit den obigen intuitiven Erläuterungen: „Um über das Vorliegen oder Nichtvorliegen eines dispositionellen Merkmals an einem Objekt entscheiden zu können, muß man die Reaktion dieses Objekts unter geeigneten Umständen oder unter geeigneten Testbedingungen überprüfen. Man wird daher das Dispositionsprädikat, das dieses Merkmal zum Inhalt hat, durch eine *explizite Definition* einzuführen haben, welche die Bedingungen sowie diejenige Reaktionsweise genau beschreibt, bei deren Vorliegen man dem Objekt die Disposition zuerkennt." An einem Beispiel illustriert: Wenn man herausbekommen möchte, ob der Gegenstand a in Wasser löslich ist, wird man ihn (oder einen ihm in möglichst allen relevanten Hinsichten gleichen) ins Wasser geben und beobachten, ob er sich darin auflöst. Bei positivem Ausgang des Experimentes, d. h. wenn der Gegenstand sich tatsächlich auflöst, wird man ihm die Disposition der Löslichkeit in Wasser zusprechen. Bei negativem Ausgang des Experimentes wird man sie ihm absprechen.

Definitionen von der eben skizzierten Art werden auch *operationale Definitionen* genannt, da man im Definiens auf die Tätigkeiten oder Operationen Bezug nimmt, die an Gegenständen auszuführen sind bzw. (im quantitativen Fall) durch die eine Größe gemessen wird. Zu den wichtigsten Erkenntnissen, zu denen CARNAP gelangte, gehört die Einsicht, *daß operationale Definitionen inadäquat sind, weil sie ihren Zweck verfehlen*[2]. Da CARNAP noch in seinem ersten großen Werk [Aufbau] die Ansicht vertreten hatte, daß alle wissenschaftlichen Begriffe auf einige wenige Begriffe definitorisch zurückführbar seien, ist er mit dieser Einsicht zu seinem eigenen schärfsten Kritiker geworden.

Um CARNAPS Argument schildern zu können, unterscheiden wir in einem vorbereitenden Schritt zwei Arten von Dispositionen: *Augenblicksdispositionen* und *permanente Dispositionen.* Im ersten Fall handelt es sich um eine Disposition, die einem Objekt nur zu einem ganz bestimmten Zeitpunkt t zukommen kann. Der zweite Fall betrifft Merkmale, die ein Gegen-

[2] Dieser im folgenden wiedergegebene Nachweis CARNAPS findet sich in [Testability], S. 440.

stand nur während eines Zeit*intervalls*, evtl. während der ganzen Dauer seiner Existenz, besitzen kann. *Alle* üblichen Dispositionen können als Augenblicksdispositionen wie als permanente Dispositionen rekonstruiert werden.

Zur Illustration wählen wir zwei Dispositionen: die Löslichkeit in Wasser und die Eigenschaft, magnetisch zu sein. Und zwar soll die erste als permanente Disposition konstruiert werden, die zweite hingegen als Augenblicksdisposition (wir könnten natürlich ebensogut umgekehrt vorgehen; der Leser führe am Ende die entsprechenden Definitionen zur Übung durch).

„D_1x" stehe für „x ist löslich in Wasser". „Wxt" besage dasselbe wie „x wird zum Zeitpunkt t ins Wasser gegeben" und „Lxt" dasselbe wie „x löst sich zum Zeitpunkt t im Wasser auf". Von diesen beiden Prädikaten setzen wir voraus, daß sie bereits zur Verfügung stehen (sei es als manifeste Grundprädikate, sei es als auf der Basis der Grundprädikate früher definierte Prädikate). Die permanente Disposition „x ist löslich in Wasser" soll definitorisch äquivalent sein mit „wenn immer x ins Wasser gegeben wird, so löst es sich darin auf", d. h. es soll die Definition gelten,

(1) $D_1x \leftrightarrow \bigwedge t\,(Wxt \rightarrow Lxt)$

Gibt diese Definition die intendierte Bedeutung des Dispositionsprädikates „löslich in Wasser" wieder? Wir unterscheiden zwei Fälle:

1. Fall. Das Objekt a wird auf die Löslichkeit in Wasser überprüft und zu diesem Zweck zur Zeit t_0 ins Wasser gegeben. Der Satz Wat_0 soll also richtig sein. Jetzt müssen wir zwei Möglichkeiten unterscheiden. Die erste besteht darin, daß a sich auflöst, daß also auch gilt: Lat_0. Aus der Wahrheit der Konjunktion $Wat_0 \wedge Lat_0$ kann man zwar nicht logisch schließen, daß sich ein analoges Resultat für *alle* Zeitpunkte ergeben hätte. Wir wollen aber annehmen, daß dieses Ergebnis eine gute induktive Stütze für den Allsatz bildet: $\bigwedge t\,(Wat \rightarrow Lat)$. Nach Definition (1) gilt dann auch: D_1a, d. h. a ist löslich in Wasser. Die zweite Möglichkeit besteht darin, daß $\neg Lat_0$, d. h. daß a sich nicht auflöst. Wir erhalten somit die Konjunktion: $Wat_0 \wedge \neg Lat_0$. Daraus folgt logisch: $\neg\,(Wat_0 \rightarrow Lat_0)$ und daraus wieder, da t_0 eine für die Variable t einsetzbare Konstante darstellt: $\neg \bigwedge t\,(Wat \rightarrow Lat)$. Wegen (1) ist dies gleichbedeutend mit $\neg D_1a$, also mit der Aussage, daß a nicht in Wasser löslich ist.

Für beide Möglichkeiten stimmt also das formale Resultat mit unseren intuitiven Erwartungen überein. *Hätten wir nur den ersten Fall zu betrachten, so müßten wir sagen, daß die Definition (1) sich als adäquat erwiesen hat.*

2. Fall. Das Objekt a sei ein Gegenstand, der niemals während der Dauer seiner Existenz auf Wasserlöslichkeit geprüft wurde. Um keine zweifelhaften Zukunftsannahmen machen zu müssen, soll a ein Gegenstand sein, welcher überhaupt nicht mehr existiert, also z. B. ein Holzscheit, welches gestern verbrannt wurde, ohne vorher jemals ins Wasser gegeben worden zu sein. Es gilt dann: $\wedge t \neg Wat$. Da aus $\neg Wat$ durch v-Abschwächung der Satz $\neg Wat \vee Lat$ logisch folgt, und entsprechend aus unserem Allsatz $\wedge t \neg Wat$ die Allaussage $\wedge t\, (\neg Wat \vee Lat)$, welche mit $\wedge t\, (Wat \rightarrow Lat)$ L-äquivalent ist, ergibt sich wegen (1): $D_1 a$. Wir müßten also dieses gestern verbrannte Holzscheit als in Wasser löslich bezeichnen.

Unsere Analyse führt somit zu folgendem Ergebnis: *Während die formale Definition der Löslichkeit in Wasser zwar keinen zu engen Begriff zu liefern scheint, ist der durch sie eingeführte Begriff offenkundig zu weit.* Denn danach müßten wir allen nie ins Wasser gegebenen Objekten die Eigenschaft der Löslichkeit in Wasser zusprechen, was natürlich unserer Intention widerspricht.

Oberflächliche Kenntnisnahme dieser Analyse könnte zu der Annahme verleiten, daß der an einer Stelle eingeschobene problematische Induktionsschluß für das unerwünschte Resultat verantwortlich zu machen sei. Daß eine solche Annahme auf einem Irrtum beruhen würde, kann man in zweifacher Weise zeigen. Erstens durch die einfache Feststellung, daß der fragliche Induktionsschritt ja nur im ersten Fall benützt wurde, der zu keinem inadäquaten Ergebnis führte, während im obigen zweiten Fall, der ein unserer Intuition widerstreitendes Resultat lieferte, nur von deduktiven Schlüssen Gebrauch gemacht wurde. Zweitens kann man ohne Mühe zeigen, daß *genau dieselbe Schwierigkeit* auch bei Augenblicksdispositionen auftritt, obwohl bei diesen an keiner Stelle von einem induktiven Schritt Gebrauch gemacht werden muß.

Um „magnetisch" als Augenblicksprädikat einführen zu können, müssen wir es zum Unterschied von „D_1" als zweistelligen Relationsausdruck konstruieren. „$D_2 xt$" möge dasselbe besagen wie „x ist magnetisch zum Zeitpunkt t". „$G_1 xt$" stehe für „zum Zeitpunkt t befindet sich ein kleiner Eisenkörper in der näheren Umgebung von x" und „$G_2 xt$" für „der kleine Eisenkörper bewegt sich zum Zeitpunkt t in der Richtung auf x"[3]. So wie oben setzen wir voraus, daß diese beiden Prädikate bereits zur Verfügung stehen. Daß x zum Zeitpunkt t magnetisch ist, soll heißen: wenn sich zur Zeit t ein kleiner Eisenkörper in der näheren Umgebung von x befindet, so bewegt sich dieser Eisenkörper zu t in der Richtung auf x. Die formale Definition würde also lauten:

(2) $D_2 xt \leftrightarrow (G_1 xt \rightarrow G_2 xt)$.

Falls sich in der näheren Umgebung des Objektes b zur Zeit t_0 ein kleiner Eisenkörper befindet ($G_1 bt_0$), so kommt dem Gegenstand b zu t_0 die Disposition D_2 nach (2) dann zu, wenn dieser Eisenkörper sich in der Richtung auf b bewegt ($G_2 bt_0$); und diese Disposition kommt b zu t_0 nicht

[3] Diese Charakterisierungen sind nicht sehr genau. In einer präziseren Erläuterung müßte die Identität der beiden Eisenkörper explizit hervorgehoben werden.

zu ($\neg D_2bt_0$), wenn der kleine Eisenkörper sich nicht in der Richtung auf b bewegt ($\neg G_2bt_0$). Analog wie vorher gelangen wir also im ersten Fall, wo für ein vorgelegtes Objekt das Antecedens im Definiens erfüllt ist, zu dem Resultat, daß die Definition adäquat ist. Dies liefert uns jedoch auch diesmal nur die Erkenntnis, daß die Definition *nicht zu eng* ist, d. h. daß auf ihrer Grundlage die Disposition nicht solchen Objekten abgesprochen wird, denen sie nach unserer Intention zukommen sollte.

Dagegen erweist sich die Definition abermals als *zu weit*. Sollte sich nämlich zu t_0 kein kleiner Eisenkörper in der Nähe von b befinden, so wird das Antecedens G_1bt_0 im Definiens von (2) für b und t_0 falsch, dieses Definiens selbst wird also richtig, und wir müßten behaupten, daß D_2bt_0, d. h. daß b zum fraglichen Zeitpunkt magnetisch ist. Dies ist offenbar ein nicht erwünschtes Resultat: Die Definition (2) zwingt uns, für einen gegebenen Zeitpunkt alle jene Objekte als magnetisch zu bezeichnen, in deren Umgebung sich zu diesem Zeitpunkt keine kleinen Eisenkörper befinden.

Wie leicht die alltagssprachlichen Formulierungen, in denen operationale Definitionsversuche ausgedrückt werden, über die eigentliche Schwierigkeit hinwegtäuschen können, zeigt die folgende Diskussion zwischen zwei Autoren. M. Przecki hatte in [Operacyjnych] geleugnet, daß die operationalen Definitionen als Definitionen im engen Sinn des Wortes betrachtet werden dürften. Sein Argument stützt sich nicht auf einen Einwand von der eben geschilderten Art, sondern darauf, daß diese Definitionen das Prinzip der Eliminierbarkeit definierter Terme nicht erfüllen. Dem hält D. P. Gorski entgegen, daß diese Behauptung falsch sei[4]. Wenn man etwa eine *Säure* als *eine Flüssigkeit* definiere, *die blaues Lackmuspapier rot färbt*, so könne man doch in allen Kontexten das Definiendum durch das Definiens ersetzen!

Dieser Einwand erscheint auf den ersten Blick als sehr plausibel. Gorski übersieht jedoch, daß er in des Teufels Küche käme, sobald er versuchen würde, dieses Definiens in einer präzisen Form wiederzugeben. Um die Sache zu vereinfachen, wollen wir annehmen, daß es sich im vorliegenden Fall um eine sogenannte *bedingte* Definition handle. Unter der Voraussetzung, daß x eine Flüssigkeit ist, soll „x ist Säure" dasselbe besagen wie „x färbt blaues Lackmuspapier rot". Diese letzte Wendung ist so zu interpretieren: „$\wedge t \wedge z$ [wenn der Gegenstand z, der blau und Lackmuspapier ist, zu t in x gegeben wird, dann wird z zu t rot]". Hier stehen wir nun wieder vor der alten Alternative: Entweder das „wenn ... dann - - -" wird im wahrheitsfunktionellen Sinn verstanden. Dann müßten wir alle Flüssigkeiten als Säuren bezeichnen, in die niemals ein blaues Lackmuspapier hineingegeben worden ist. Wollen wir dieser unerwünschten Konsequenz entgehen, so müssen wir das Konditionalzeichen statt im Sinn von „$\rightarrow$" im Sinn von

[4] [Arten der Definition], S. 380.

„$\underset{k}{\rightarrow}$“ (kausale Implikation) oder im Sinn von „$\rightsquigarrow$“ (irreale Implikation) deuten. Dann jedoch wären wir wieder mit den ungelösten Problemen der kausalen Modalitäten bzw. der irrealen Kondionalsätze konfrontiert.

Dieses Beispiel zeigt zugleich den psychologischen Grund dafür, daß die Schwierigkeit von den Naturwissenschaftlern gewöhnlich nicht bemerkt wird. Ähnlich wie durch die alltägliche Wendung „alle Menschen sind sterblich“ wird auch durch viele von Naturforschern benützte alltagssprachliche Formulierungen die Tatsache verschleiert, daß es sich dabei um generelle *Konditional*aussagen handelt, die entweder in einem wahrheitsfunktionellen oder in einem anderen Sinn zu interpretieren sind.

1.b Erster Rettungsversuch des Operationalismus: Verbesserung der operationalen Definitionen. Die aufgezeigte Schwierigkeit hat ihre Wurzel offenbar darin, daß das Definiens einer operationalen Definition in einem Wenn-dann-Satz besteht, der *als wahrheitsfunktioneller Konditionalsatz* (materiale Implikation) gedeutet wird. Denn ein solcher Satz ist auf Grund seiner wahrheitsfunktionellen Charakterisierung richtig, falls der Wenn-Satz falsch ist.

Man möchte meinen, daß diesem Übel leicht abzuhelfen sei. Tatsächlich hat sich jedoch herausgestellt, daß alle bisher vorgeschlagenen Verbesserungsversuche ebenfalls zu inadäquaten Resultaten führen. Die zwei wichtigsten Versuche dieser Art seien hier angeführt, da sie in eine Richtung weisen, in der vielleicht einmal eine Lösung gefunden werden könnte.

Der erste Versuch kann in zwei alternativen Formen beschrieben werden. Beiden ist dies gemeinsam, daß darin eine Verschärfung des wahrheitsfunktionellen „wenn ... dann - - -“ angestrebt wird. Nach der einen Alternative soll das „wenn ... dann - - -“ im vorliegenden Fall *als objektsprachliches Symbol für die kausale Implikation* gedeutet werden. Wenn wir „$\underset{k}{\rightarrow}$“ als neues Symbol dafür einführen, so soll „$p \underset{k}{\rightarrow} q$“ zum Unterschied von „$p \rightarrow q$“ nicht bloß besagen, daß q der Fall ist, sofern p der Fall ist, sondern *daß q mit kausaler Notwendigkeit eintritt, wenn p der Fall ist.* Der Verbesserungsvorschlag besteht dann darin, daß im Definiens von (1) und (2) (und analog in allen übrigen Fällen) „$\rightarrow$“ durch „$\underset{k}{\rightarrow}$“ ersetzt wird. Die andere Alternative besteht darin, das „wenn ... dann - - -“ *im Sinn eines subjunktiven Konditionalzeichens* zu interpretieren, das neben realen auch irreale Fälle einbezieht. Das Definiens von (1) wird danach alltagssprachlich etwa so wiederzugeben sein: „immer wenn man x ins Wasser geben sollte, würde es sich darin auflösen“. Mit „$\rightsquigarrow$“ als Symbol für das subjunktive Konditionalzeichen würde der Verbesserungsvorschlag dann so zu formulieren sein, daß in (1) und (2) (und analog in allen übrigen Fällen) „$\rightarrow$“ durch „$\rightsquigarrow$“ zu ersetzen sei.

Beiden Alternativen dieses Vorschlages muß man entgegenhalten, daß es bisher nicht geglückt ist, die dabei benötigten neuen Grundbegriffe zu präzisieren: Weder konnte der Begriff der kausalen Implikation (oder der kausalen Notwendigkeit) in adäquater Weise expliziert werden, noch gelang es, die Wahrheitsbedingungen subjunktiver Konditionalsätze präzise zu umreißen. Beide Probleme hängen eng mit dem ungelösten Problem der Gesetzesartigkeit zusammen[5].

In eine ganz andere Richtung geht ein Versuch, den erstmals der finnische Philosoph KAILA unternommen hat[6]. Darin wird der Rahmen der extensionalen Logik nicht verlassen, sondern bloß das Definiens durch ein komplizierteres ersetzt. KAILAs Grundgedanke ist recht überzeugend. Den Ausgangspunkt seiner Überlegung bildete eine andersartige Kritik an der Definition (1). Danach kann ja nur Objekten, die tatsächlich der Testbedingung unterworfen worden sind (und die dabei positiv reagierten), die Dispositionseigenschaft zugesprochen werden. Nun werden wir aber doch sicherlich ein Stück Zucker c auch dann als in Wasser löslich bezeichnen, wenn an ihm selbst der Test nie versucht wurde, d. h. wenn es selbst niemals ins Wasser gegeben worden ist. Als Rechtfertigung für diese Haltung werden wir darauf hinweisen, *daß das Objekt c dieselben Eigenschaften besitzt wie andere Gegenstände* (nämlich: andere Zuckerstücke), *die man tatsächlich ins Wasser gegeben hat und die sich dabei auflösten.*

Nach KAILA handelt es sich also lediglich darum, den Gedanken zu präzisieren, daß man eine dispositionelle Eigenschaft nicht nur jenen Probeexemplaren zuschreiben darf, die man mit Erfolg einem Test unterworfen hat, sondern darüber hinaus auch allen weiteren Gegenständen, die infolge gemeinsamer Eigenschaften mit den Probeexemplaren zu ein und derselben Klasse von Objekten gehören.

Unter Verwendung der beiden im Definiens von (1) benützten Prädikate führen wir „WLx" ein als Abkürzung für „$\vee t\,(Wxt \wedge Lxt)$" und „WNx" als Abkürzung für „$\vee t\,(Wxt \wedge \neg Lxt)$". Das erste besagt soviel wie: „x wurde zu einer Zeit ins Wasser gegeben und löste sich auf", das zweite soviel wie: „x wurde zu einer Zeit ins Wasser gegeben und löste sich nicht auf". Die ursprüngliche Definition der Wasserlöslichkeit wird jetzt durch die folgende ersetzt:

$$(1^*) \quad D_1^*x \leftrightarrow WLx \vee \vee F\,[Fx \wedge \neg \vee y\,(Fy \wedge WNy) \wedge \vee y\,(Fy \wedge WLy)]$$

Wir nennen (1*) die KAILA-Formel. Der Leser beachte, daß hier eine Sprache höherer Ordnung benützt wird; denn „$\vee F$" ist zu deuten entweder im Sinn von „es gibt eine *Eigenschaft* F" oder im Sinn von „es gibt eine

[5] Für eine eingehendere Diskussion vgl. W. STEGMÜLLER, [Erklärung und Begründung], Kap. V und Kap. VII, 5. Dort findet der Leser auch die wichtigsten Literaturangaben.

[6] Die Diskussion zwischen KAILA und CARNAP, der die im folgenden geschilderten Bedenken gegen den KAILA-Vorschlag vorbrachte, erfolgte brieflich. A. PAP berichtet darüber in [Erkenntnistheorie]. Genau derselbe Vorschlag wurde 1951 von STORER in [Soluble] unternommen und von G. BERGMANN kritisiert.

Klasse F". Es wird also nicht nur über Individuen quantifiziert, sondern auch über Nichtindividuen. Ferner sei darauf hingewiesen, daß das Glied „$\neg \vee y\,(Fy \wedge WNy)$" wegen der Definition von „WN" L-äquivalent ist mit: „$\wedge y\,[Fy \rightarrow \wedge t\,(Wyt \rightarrow Lyt)]$".

Das erste Adjunktionsglied des neuen Definiens für Wasserlöslichkeit spricht diese Disposition den Probeexemplaren zu, bei denen sich ein positiver Ausgang einstellte, d. h. den Objekten, die zu einer Zeit ins Wasser gegeben worden sind und sich auflösten. Auf Grund des zweiten Adjunktionsgliedes wird diese Disposition aber auch allen Dingen mit einer Eigenschaft F zugesprochen, welche die folgenden zwei Bedingungen erfüllt: es gibt kein Objekt mit dieser Eigenschaft, das sich nicht aufgelöst hätte, nachdem es ins Wasser gegeben worden war; und es gibt Objekte, die diese Eigenschaft besitzen und die sich auflösten, nachdem sie ins Wasser gegeben worden waren. Würde die erste Bedingung nicht gelten, so existierten bezüglich unseres Dispositionsprädikates „wasserlöslich" negative Einzelfälle mit der Eigenschaft F. Und würde die zweite Bedingung nicht gelten, so hätten wir keinen Anlaß, Gegenständen mit der Eigenschaft F das Dispositionsprädikat „wasserlöslich" zuzuschreiben, da wir über keine positiven Einzelfälle verfügten.

Wenn man in unserem Beispiel für F die Eigenschaft wählt, aus Zucker zu bestehen, so scheint diese Definition zu einem befriedigenden Resultat zu führen. Daß sie dennoch *inadäquat* ist, beruht darauf, daß im zweiten Adjunktionsglied *nur von irgendeiner Eigenschaft F* die Rede ist. Dadurch wird, wie leicht zu erkennen ist, auch diese Definition zu weit.

Es sei nämlich c ein Stück Zucker, welches zu t_1 ins Wasser gegeben wurde und sich dabei auflöste. Es soll also gelten: WLc. Ferner sei d ein Streichholz, das gestern verbrannt wurde, ohne jemals ins Wasser gegeben worden zu sein. Wir definieren nun ein einstelliges Prädikat folgendermaßen:

$$Mx \leftrightarrow x = c \vee x = d$$

Wir fragen: Gilt $D_1^* d$? Da nach Annahme WLd nicht gilt, kann das Dispositionsprädikat dem Objekt d höchstens auf Grund des zweiten Adjunktionsgliedes zukommen. Tatsächlich ist dies der Fall. Um dies zu sehen, wählen wir als Eigenschaft F das eben definierte Merkmal M. Wir müssen uns davon überzeugen, daß mit dieser Wahl die drei Bedingungen innerhalb der eckigen Klammer von (1*) erfüllt sind:

(a) Md gilt, da $d = c \vee d = d$ L-wahr ist.

(b) Zur Verifikation des zweiten Gliedes wählen wir die obige zweite Fassung. Da das Antecedens „My" nur von den beiden Objekten c und d wahr wird, genügt es, die Richtigkeit von $\wedge t(Wct \rightarrow Lct)$ sowie von $\wedge t\,((Wdt \rightarrow Ldt)$ einzusehen. Der zweite dieser Sätze ist wahr, da Wdt für *jedes t* nach Annahme falsch ist. Der erste Satz ist ebenfalls wahr: Für die Zeiten vor oder nach t_1 gilt auch dieser Satz, weil c nicht ins Wasser gegeben wurde, also das Antecedens unrichtig ist. Und für t_1 gilt der Satz, da sowohl das Antecedens wie das Konsequens richtig sind.

(c) Zur Verifikation des dritten Gliedes beachten wir, daß Mc L-wahr ist und daß nach Voraussetzung WLc gilt. Wir haben also die richtige Konjunktion: $Mc \wedge WLc$, woraus durch Existenzquantifikation folgt: $\vee y(My \wedge WLy)$.

Aus (a) bis (c) erhalten wir somit die Konjunktion:

$$Md \wedge \neg \vee y\,(My \wedge WNy) \wedge \vee y\,(My \wedge WLy)$$

Durch Existenzquantifikation bezüglich „M" (die wir in der zugrunde gelegten Sprache zweiter Stufe vornehmen dürfen) erhalten wir:

$$\vee F\,[Fd \wedge \neg \vee y\,(Fy \wedge WNy) \wedge \vee y\,(Fy \wedge WLy)],$$

also genau das zweite Adjunktionsglied von (1*) mit „d" für „x". Durch $\vee$-Abschwächung erhalten wir D_1^*d. Die Antwort auf die obige Frage fällt also bejahend aus.

Wir gewinnen somit das unerwünschte Resultat, *daß das vor seiner Vernichtung niemals ins Wasser gegebene Streichholz d auch auf Grund der verbesserten Definition* (1*) *als in Wasser löslich bezeichnet werden müßte*. Die Definition (1*) ist also ebenfalls inadäquat.

Gegen diesen Inadäquatheitsbeweis könnte man allerdings folgendes einwenden: Das obige Prädikat ist ein akzidentelles und kein nomologisches Prädikat, d. h. kein Prädikat, welches für die Formulierungen von Gesetzesaussagen zulässig ist[7]. Nun ist zwar des Problem des nomologischen Prädikates bis heute ebensowenig gelöst wie das Problem der Gesetzesartigkeit[8]. Doch haben verschiedene Autoren interessante Versuche unternommen, den Begriff des nomologischen Prädikates zu präzisieren. Der wohl interessanteste und meistdiskutierte Vorschlag stammt von N. GOODMAN[9]: Darin werden durch ein eigenes Verfahren der Elimination akzidenteller Prädikate sukzessive jene Prädikate ausgesondert, die sich für induktive Generalisationen eignen. Nur solche induktiv übertragbaren Prädikate werden als nomologische Prädikate zugelassen.

Nehmen wir nun an, einer dieser Lösungsvorschläge sei von Erfolg gekrönt, sei es der Goodmansche, sei es ein anderer. Dann könnte man die KAILA-Formel durch die zusätzliche Bestimmung verschärfen, *daß der Wertbereich der Variablen* „F", die in (1*) innerhalb eines Existenzquantors vorkommt, *nur aus nomologischen Eigenschaften bestehe*. Wir nennen dies *die nomologisch verschärfte Kaila-Formel*. Der oben geschilderte Einwand CARNAPs wäre dann hinfällig; denn das durch Bezugnahme auf zwei Indivi-

[7] Es verstößt z. B. gegen *beide* notwendigen Bedingungen für ein nomologisches Prädikat, die von HEMPEL aufgestellt wurden. Vgl. W. STEGMÜLLER, [Erklärung und Begründung], S. 691/692.

[8] Vgl. [Erklärung und Begründung], Kap. V.

[9] Vgl. N. GOODMAN, [Forecast].

duenkonstante gebildete Prädikat „M“ ist sicherlich kein nomologisches Prädikat[10].

Trotzdem bliebe die Definition weiterhin defekt. „Z“ stehe für „Zucker“ und bilde ein nomologisches Prädikat. „V“ sei ein anderes *nomologisches* Prädikat, welches die zusätzliche Bedingung erfüllt, daß kein Objekt der Klasse V jemals ins Wasser gegeben worden ist. Dann müßten auf Grund der obigen Definition alle Objekte aus V als wasserlöslich bezeichnet werden. Um dies zu erkennen, hat man nur das Prädikat „$Z \vee V$“ zu bilden, dieses für „F“ in (1*) einzusetzen und eine Überlegung von derselben Art anzustellen, die CARNAP in dem eben geschilderten Nachweis anstellte (die Tatsache, daß für einige Zuckerstücke die Wasserlöslichkeit mit positivem Ausgang überprüft wurde, muß natürlich auch jetzt benützt werden).

Diesem Einwand gegen die „nomologisch verbesserte“ KAILA-Definition könnte man nur durch die *empirische Hypothese* entgehen, daß es derartige nomologische Prädikate nicht gibt (nämlich nomologische Prädikate von der Art, daß kein ein derartiges Prädikat erfüllendes Objekt jemals ins Wasser gegeben worden ist). Dem wäre wieder zweierlei zu entgegnen: Erstens muß die Frage der Adäquatheit einer Definition unabhängig davon überprüfbar sein, ob eine empirische Hypothese richtig ist oder nicht. Selbst wenn die erwähnte Hypothese stimmen sollte, *so könnte sie doch falsch sein;* und dies allein würde bereits gegen die Annahme der „nomologisch verschärften“ Definition (1*) als einer adäquaten Definition sprechen. Zweitens darf nicht übersehen werden, daß (1*) ja nur zur Illustration eines *allgemeinen* Definitionsverfahrens für Dispositionsterme dienen sollte und daß *nur diese darin erwähnte ganz spezielle Testbedingung* vermutlich durch Gegenstände fast aller oder überhaupt aller nomologischen Arten erfüllt wurde: Objekte aller naturwissenschaftlich relevanten Klassen dürften mit Wasser in Berührung gekommen sein. Bei anderen Dispositionsprädikaten sind die Testbedingungen jedoch viel spezieller, so daß man sicherlich nicht wird behaupten können, *für jedes beliebige nomologische Prädikat* sowie *für jede beliebige derartige Testbedingung* könne man mindestens ein Objekt angeben, welches sowohl das Prädikat wie die Testbedingung erfüllt.

Gegen die nomologisch verschärfte KAILA-Formel läßt sich noch ein entscheidenderer Einwand vorbringen: Sicherlich wird man jedes Prädikat, das nur mit Hilfe der übrigen im Definiens von (1*) vorkommenden

[10] Ohne diese Einschränkung kann leicht gezeigt werden, daß *jedes* niemals ins Wasser gegebene Objekt auf Grund von (1*) die Eigenschaft der Wasserlöslichkeit besitzen müßte. k sei ein solches Objekt, „Z“ habe dieselbe Bedeutung wie „Zucker“ und werde im übrigen als Klassenname aufgefaßt. Wir bilden die Klasse: $Z \cup \{k\}$. Alle Elemente dieser Klasse, insbesondere auch k, erfüllen die Bedingung hinter dem Existenzquantor von (1*), wenn $Z \cup \{k\}$ für F gewählt wird. Aber selbstverständlich ist das die Klasse $Z \cup \{k\}$ bezeichnende Prädikat *nicht nomologisch*, da es eine wesentliche Bezugnahme auf das individuelle Objekt k enthält.

Prädikate gebildet ist, als nomologisches Prädikat akzeptieren müssen. Definieren wir also ein einstelliges Prädikat folgendermaßen:

$$Pz \leftrightarrow \bigwedge t\,(Wzt \rightarrow Lzt)$$

und nehmen wir an, daß dieses neue Prädikat eine zulässige Einsetzungsinstanz für die Prädikatvariable von (1*) ist. Dann verwandelt sich nach einer derartigen Einsetzung zunächst das mittlere Konjunktionsglied innerhalb der eckigen Klammer von (1*) in eine Tautologie von der Gestalt $A \rightarrow A$ (dies erkennt man sofort, wenn man auf die im Anschluß an (1*) erwähnte L-äquivalente Formulierung dieser Teilformel zurückgreift). Die Individuenkonstanten „*c*" und „*d*" mögen dieselbe Bedeutung haben wie im oben geschilderten CARNAP-Argument gegen die KAILA-Formel. Das dritte Konjunktionsglied wird durch das Objekt *c* wahr gemacht; denn es gilt offenbar: $Pc \wedge WLc$. Schließlich wird das erste Konjunktionsglied wahr für *d*; es gilt: *Pd* (wieder aus dem Grund, daß *Wdt* für *jedes t* falsch ist). Wir erhalten somit wieder das unerwünschte Resultat, daß das nie ins Wasser gegebene und bereits verbrannte Streichholz als wasserlöslich zu bezeichnen ist.

Man beachte den Unterschied der logischen Struktur zwischen diesem Einwand und dem Carnapschen: Dem letzteren konnte man entgegenhalten, daß das dabei benützte Prädikat „*M*" kein nomologisches Prädikat ist. *Dieser Gegeneinwand ist jetzt nicht möglich.* Wir haben das ex hypothesi nomologische Prädikat „*P*" benützt. Darüber hinaus haben wir lediglich *für die Anwendung* der Formel auf die Klasse $\{c, d\}$ der beiden Objekte zurückgegriffen, deren eines (nämlich *c*) dazu diente, die letzte Teilformel von (1*) (nach Einsetzung von „*P*" für „*F*") zu verifizieren, während das andere (nämlich *d*) die durch das Prädikat „*P*" angegebene Bedingung erfüllt und damit wegen der Struktur von (1*) auch das Definiens von D_1^*x, obwohl es gemäß unserer Intention diese Disposition nicht besitzen soll.

Wir müssen somit feststellen, daß keiner der geschilderten Verbesserungsvorschläge bisher erfolgreich war. Gleichzeitig wurde jedoch deutlich, *daß auf dem einen oder anderen Wege eine Lösung des Problems der Definierbarkeit von Dispositionsprädikaten gefunden werden könnte:* sei es durch die Aufstellung einer adäquaten Logik der kausalen Modalitäten, sei es durch ein präzises und inhaltlich befriedigendes Wahrheitskriterium für subjunktive Konditionalsätze, sei es schließlich durch Verbesserung des KAILA-Ansatzes in Verbindung mit einer Lösung des Problems der nomologischen Prädikate.

Immerhin bildete das bisherige negative Resultat für CARNAP einen hinreichenden Grund, um eine ganz andere Lösung zu versuchen, der wir uns jetzt zuwenden.

1.c Zweiter Rettungsversuch des Operationalismus: Reduktionssätze statt Definitionen. Wir beschränken uns darauf, das Verfahren am Beispiel permanenter Dispositionen zu schildern. Dazu knüpfen wir an die Definition (1) von S. 218 an. Nach dem neuen Vorschlag wird ein genereller

Konditionalsatz gebildet, in welchem das Prädikat, das die Bedingung beschreibt, vorangezogen wird, während das Dispositionsprädikat durch einen Bikonditionalsatz mit jenem Prädikat verknüpft wird, welches die Reaktionsweise beschreibt. Der Reduktionssatz, welcher an die Stelle von (1) tritt, lautet somit:

$$(R) \quad \bigwedge x \bigwedge t\, [Wxt \rightarrow (D_1x \leftrightarrow Lxt)].$$

Ein Satz von dieser speziellen Gestalt wird *bilateraler Reduktionssatz* genannt. Diese Modifikation scheint auf den ersten Blick geringfügig zu sein. Sie hat jedoch weittragende Konsequenzen. Und zwar ergibt sich eine sehr unterschiedliche Beurteilung, je nachdem, ob man (R) vom Standpunkt der formalen Definitionslehre oder vom wissenschaftstheoretischen Standpunkt aus beurteilt.

Unter dem ersten Gesichtspunkt ist (R) nichts weiter als eine sog. *bedingte Definition.* Das Definiendum ist mit dem Definiens *unter der Bedingung der Gültigkeit von Wxt* verknüpft.

Wissenschaftstheoretisch gesehen ist der Unterschied gegenüber dem Definitionsfall hingegen außerordentlich groß. Die volle Tragweite der Modifikation werden wir erst im nächsten Kapitel erkennen, wenn wir uns den theoretischen Termen und der Lehre von der partiellen Interpretation zuwenden. Im Lichte dieser späteren Betrachtungsweise bilden Reduktionssätze von der Art des Satzes (R) bereits Beispiele für eine partielle axiomatische Charakterisierung des fraglichen Dispositionsterms (in unserem Fall des Terms D_1).

Wird das Objekt a zu t_0 ins Wasser gegeben, so kommt ihm auf Grund von (R) das Dispositionsprädikat D_1 genau dann zu, wenn es sich auflöst. Gleichzeitig erkennt man unmittelbar, daß die früher bemerkte Inadäquatheit jetzt behoben ist. Wenn ein Objekt nicht ins Wasser gegeben wird, so kann über das Vorliegen der Dispositionseigenschaft nichts ausgesagt werden. An die Stelle des seinerzeitigen inadäquaten Resultates tritt also bei Nichterfülltsein der Testbedingung eine Unbestimmtheit bezüglich des Vorliegens der Disposition.

Ein Adäquatheitsprinzip, dem alle korrekten Definitionen genügen müssen, ist das *Prinzip der Eliminierbarkeit.* Danach muß das Definiendum in allen Kontexten zugunsten des Definiens eliminierbar sein. Anders ausgedrückt: Jeder Satz, in dem das definierte Symbol vorkommt, muß auf Grund der Definition in einen anderen Satz korrekt übersetzbar sein, in dem es nicht mehr vorkommt. *Diese Bedingung ist im vorliegenden Fall nicht erfüllt*: Da das Dispositionsprädikat *inmitten* der komplexen Aussage (R) vorkommt, ist es unmöglich, dieses Prädikat generell zu eliminieren[11].

[11] Nur eine triviale partielle Elimination ist immer möglich, nämlich eine Elimination aus rein logisch bestimmten (d. h. L-wahren oder L-falschen) Sätzen: in solchen Sätzen kommt das Prädikat leer vor.

Wir haben also bereits zwei Unterschiede gegenüber Definitionen festgestellt: Erstens verstoßen die durch Reduktionssätze eingeführten Prädikate gegen das Prinzip der Eliminierbarkeit. Zweitens wird die Bedeutung der durch solche Reduktionssätze eingeführten Terme nur teilweise bestimmt. Für Gegenstände, die der Testbedingung niemals unterworfen wurden, kann nicht gesagt werden, ob das neue Dispositionsprädikat auf sie zutreffen soll oder nicht. Wenn man von der Forderung ausgeht, daß alle in ein wissenschaftliches System neu eingeführten Begriffe *vollständig auf die Grundbegriffe zurückführbar* sein müssen, ist man genötigt, hierin *zwei Nachteile* der Methode der Reduktionssätze zu erblicken. Wir drücken uns vorsichtiger aus und sprechen nur von den Unterschieden gegenüber dem Definitionsfall. Denn wir wissen ja nicht, ob wir nicht die Forderung der *definitorischen Zurückführbarkeit* aller Begriffe auf die Grundbegriffe preisgeben müssen.

Hinsichtlich des zweiten Unterschiedes wird man allerdings geneigt sein, in jedem Fall einen Mangel zu erblicken, und daher fragen, ob diese Unbestimmtheit behoben oder wenigstens verringert werden könne. Zwei Möglichkeiten bieten sich hier an:

(A) Die eine Möglichkeit besteht in der *Einführung zusätzlicher Reduktionssätze für dasselbe Dispositionsprädikat.* Um die symbolische Darstellung zu vereinfachen, lassen wir für die Schilderung von Reduktionssätzen die Individuenvariablen sowie die Quantoren (und damit auch die äußeren Klammern) fort. (R) z. B. wäre jetzt so wiederzugeben: $W \rightarrow (D_1 \leftrightarrow L)$. Für die Testbedingungen schreiben wir: $B_1, B_2, \ldots$ und für die relevanten Reaktionsweisen: $R_1, R_2, \ldots$. Wenn nun ein Reduktionssatz von der Gestalt:

(α) $B_1 \rightarrow (D \leftrightarrow R_1)$

zur Verfügung steht, so können weitere Reduktionssätze hinzugefügt werden, nämlich:

(β) $B_2 \rightarrow (D \leftrightarrow R_2)$,

(γ) $B_3 \rightarrow (D \leftrightarrow R_3)$.

Um die Gewähr dafür zu haben, daß die Testbedingungen erfüllbar sind, fordert Carnap, um von einer Klasse von Reduktionssätzen sprechen zu können, daß keiner der Sätze $\wedge x \neg B_i x$ (für $i = 1, 2, \ldots$) aus den geltenden Naturgesetzen folgen dürfe.

Auch jetzt wird im allgemeinen ein Unbestimmtheitsspielraum verbleiben, da der Fall eintreten kann, daß *keine* der angeführten Testbedingungen erfüllt ist. Dieser Fall könnte bei Angabe von n Reduktionssätzen nur dann vermieden werden, wenn außerdem das Naturgesetz zur Verfügung stünde: $\wedge x\,(B_1 x \vee B_2 x \vee \ldots \vee B_n x)$.

In jedem Fall tritt ein dritter Unterschied gegenüber den Definitionen zutage, den man allgemein so formulieren kann: *Wenn ein Dispositionsterm durch mehr als einen bilateralen Reduktionssatz eingeführt wird, so handelt es sich nicht nur um die Bedeutungsfestlegung eines neuen Begriffs. Vielmehr ist dann mit dieser Methode unmittelbar die Aufstellung einer neuen empirischen Hypothese verbunden.*

Beschränken wir uns der Einfachheit halber auf den Fall, daß nur die beiden Sätze (α) und (β) zur Verfügung stehen. Ein Objekt a erfülle die Testbedingungen B_1 sowie B_2, ferner R_1, aber nicht R_2. Auf Grund von (α) müßte dann gelten: Da, und auf Grundvon (β): $\neg Da$. Da dies einen Widerspruch darstellt, folgt aus (α) und (β) logisch der Satz: $\neg \bigvee x (B_1 x \wedge B_2 x \wedge R_1 x \wedge \neg R_2 x)$. Analog stellt der folgende Satz ein L-Implikat von (α) und (β) dar: $\neg \bigvee x (B_1 x \wedge B_2 x \wedge \neg R_1 x \wedge R_2 x)$. Die Konjunktion dieser zwei Sätze ist L-äquivalent mit: $\bigwedge x [B_1 x \wedge B_2 x \rightarrow (R_1 x \leftrightarrow R_2 x)]$.

Keiner der drei Sätze beinhaltet eine logische Wahrheit. Vielmehr liegen in sämtlichen Fällen *empirische Hypothesen* vor. Im dritten Satz wird z. B. behauptet: Wenn immer B_1 und B_2 gelten, so liegt R_1 dann und nur dann vor, wenn R_2 vorliegt. Diese Behauptung kann sich bei empirischer Untersuchung als unrichtig erweisen.

Es ergibt sich somit das etwas paradoxe Resultat, daß man sich bei dem Versuch, den den Reduktionssätzen anhaftenden Unbestimmtheitsspielraum zu verringern und dadurch eine Approximation an den Definitionsfall mit vollständiger Bedeutungsangabe zu erzielen, in einer Hinsicht noch weiter von den Definitionen entfernt. *Denn Definitionen besitzen niemals einen Tatsachengehalt: zwei oder mehr bilaterale Reduktionssätze hingegen haben in der Regel einen solchen.*

Wir haben bisher die Deutung CARNAPs zugrunde gelegt. Danach kann im Verlauf des wissenschaftlichen Fortschritts durch Einführung neuer und neuer Reduktionssätze *ein und derselbe* Dispositionsbegriff sukzessive schärfer bestimmt werden. Diese Deutung ist nicht die einzig mögliche. Nach der Interpretation von P. W. BRIDGMAN wird durch jedes neue operationale Verfahren auch ein neuer Begriff bestimmt. In der jetzigen Sprechweise ausgedrückt: durch *verschiedene* Reduktionssätze werden *verschiedene* Dispositionsterme eingeführt. Das obige Beispiel müßte nach BRIDGMAN also in korrekter Weise folgendermaßen wiedergegeben werden: (α) und (β) bestimmen *nicht* einen und denselben Dispositionsbegriff, sondern *zwei verschiedene Begriffe D* und $D^\star$. Im allgemeinen Fall: Sofern n verschiedene Reduktionssätze zur Verfügung stehen, werden durch diese n verschiedene Begriffe eingeführt.

Bei dieser Deutung läßt sich die obige empirische Konsequenz nicht ableiten. Denn in dieser Ableitung war davon Gebrauch gemacht worden, daß in (α) und (β) *derselbe* Dispositionsterm vorkommt. Kann man daraus schließen, daß man bei der Bridgmanschen Interpretation vermeidet, empirische Hypothesen aufstellen zu müssen? Die Antwort liegt auf der Hand: Eine empirische Hypothesenbildung ist nach wie vor notwendig; *sie wird* *lediglich an eine andere Stelle verlagert.* In unserem Beispiel müßte man die empirische Generalisation hinzufügen: $\bigwedge x\,(Dx \leftrightarrow D^{*}x)$. Und wenn im allgemeinen Fall durch n Reduktionssätze n verschiedene Dispositionsprädikate eingeführt werden, so muß im nachhinein die Behauptung aufgestellt werden, daß alle diese Prädikate dieselbe Extension haben. Diese Behauptung kann sich auf Grund künftiger Befunde als falsch erweisen.

Beide Deutungen, diejenige CARNAPs sowie diejenige BRIDGMANs, führen also dazu, *daß Begriffsbildung und Theorienbildung miteinander verknüpft werden.* Nur ist die Verflechtung bei der Carnapschen Deutung eine noch engere, ja strenggenommen unlösliche. Denn die empirischen Hypothesen sind dort *logische Folgerungen* der Sätze, durch welche die Begriffe eingeführt werden. Bei der Interpretation BRIDGMANs sind sie keine derartigen Folgerungen, sondern gewisse, vom Einführungsverfahren für Begriffe *unabhängige* Hypothesen.

Wenn man es für wünschenswert hält, die beiden gedanklichen Prozesse: *Einführung neuer Begriffe* und *Aufstellung neuer Hypothesen*, methodisch scharf zu trennen, so muß man der Bridgmanschen Deutung den Vorzug geben.

Auf der anderen Seite steht CARNAPs Deutung in besserem Einklang mit dem einzelwissenschaftlichen Sprachgebrauch. Wenn z. B. ein Physiker vier verschiedene operationale Verfahren zur Bestimmung der Dispositionseigenschaft *magnetisch* angibt, dann schildert er diesen Sachverhalt nicht so, daß er sagt, er habe vier verschiedene Begriffe M_1, M_2, M_3 und M_4 eingeführt, von denen er im nachhinein die Äquivalenz zeigt bzw. genauer: hypothetisch annimmt. Vielmehr wird er den Sachverhalt so wiedergeben, wie dies im vorangehenden Wenn-Satz geschehen ist.

Wie wir im folgenden Abschnitt sehen werden, haben wir bei der Einführung *quantitativer* oder *metrischer Begriffe* ebenfalls die prinzipielle Wahlmöglichkeit zwischen diesen beiden Deutungen. Der Naturwissenschaftler wird auch in diesem Fall der Carnapschen Deutung den Vorzug geben: Wenn mehrere Verfahren zur Bestimmung der Länge eines Objektes oder der elektrischen Stromstärke verfügbar sind, so wird der Physiker nicht sagen, daß er mit verschiedenen Begriffen der Länge bzw. mit verschiedenen Begriffen der Stromstärke operiere, sondern daß er verschiedene Verfahren zur Bestimmung eines und desselben Begriffs kenne.

Bisher haben wir nur den Fall sogenannter bilateraler Reduktionssätze betrachtet. Das Verfahren kann nochmals verallgemeinert werden. Es können z. B. für eine Disposition D n hinreichende und r notwendige Bedingungen bekannt sein[12]. Wir erhalten dann *n hinreichende Reduktionssätze:*

$$(H_i) \quad B_i \rightarrow (R_i \rightarrow D) \quad (i = 1, \ldots, n)$$

[12] Wir übernehmen die Darstellungsweise aus [Erklärung und Begründung], S. 123f. unter Benützung des oben eingeführten abkürzenden Symbols.

und r *notwendige Reduktionssätze* (beide Male von HEMPEL Symptomsätze genannt):

$$(N_j) \quad D \rightarrow (B^j \rightarrow R^j) \quad (j = 1, \ldots, r).$$

CARNAP läßt diese Sätze als Reduktionssätze nur dann zu, wenn im ersten Fall $\wedge x \neg (B_i x \wedge R_i x)$ und im zweiten Fall $\wedge x \neg (B^j x \wedge R^j x)$ keine Folgerung aus den akzeptierten Naturgesetzen ist.

Abermals stellt man fest, daß dieses Einführungsverfahren für Begriffe mit empirischer Hypothesenbildung unlösbar verquickt ist, da wir aus diesen $n + r$ Sätzen $n \cdot r$ empirische Hypothesen ableiten können:

$$B_i \wedge R_i \rightarrow (B^j \rightarrow R^j) \quad (i = 1, \ldots, n; j = 1, \ldots, r),$$

in denen das neu eingeführte Prädikat überhaupt nicht mehr vorkommt.

Auch hier ist wieder die Alternativdeutung BRIDGMANs möglich. Danach würden durch die obigen Sätze (H_i) und (N_j) $n + r$ verschiedene Prädikate $D_1, D_2, \ldots, D_{n+r}$ festgelegt; und die empirische Hypothese würde in der Behauptung bestehen, daß diese Prädikate alle dieselbe Extension haben.

(B) Eine ganz andere Möglichkeit der Verringerung des Unbestimmtheitsspielraums einer dispositionellen Eigenschaft besteht darin, daß man für die Anwendung dieser Disposition geeignete *induktive Argumente* zuläßt. Nehmen wir an, es stehe nur der bilaterale Reduktionssatz (R) zur Verfügung. $c_1, \ldots, c_n$ seien n Zuckerstücke, die zu den Zeiten $t_1, \ldots, t_n$ der Testbedingung Wxt unterworfen worden sind. Es möge also gelten: $Wc_1t_1, \ldots, Wc_nt_n$. Die Reaktionen seien alle positiv ausgefallen: $Lc_1t_1, \ldots, Lc_nt_n$. Es sei „Z" das Prädikat „Zucker". Die $2n$ gewonnenen Sätze könnten als induktive Basis für die Annahme des folgenden Satzes betrachtet werden, in dem generell die Wasserlöslichkeit von Zucker behauptet wird:

$$\wedge x (Zx \rightarrow D_1 x).$$

Strenggenommen wird hier gar nicht die Unbestimmtheit des Dispositions*begriffs* verringert, *sondern es wird durch die Einbeziehung intuitiver induktiver Überlegungen eine positive Entscheidung über das Vorliegen dieses Begriffs auch für solche Fälle ermöglicht, welche die Testbedingungen nicht erfüllen.*

In den bisherigen Betrachtungen ist vorausgesetzt worden, daß Reduktionssätze die Gestalt von *strikten* oder *deterministischen Gesetzen* haben, die keine Ausnahme gestatten. Der Begriff des Reduktionssatzes kann nun generell so verallgemeinert werden, daß statistische Gesetze die deterministischen ersetzen. An die Stelle eines hinreichenden Reduktionssatzes (H_i) würde jetzt eine Aussage von der Gestalt treten: „Wenn die Testbedingung B_i realisiert ist, so liegt die Disposition D mit einer statistischen Wahrscheinlichkeit von p/q vor, sofern sich die Reaktion R_i einstellt." Und ein *notwendiger* Reduktionssatz (N_j) würde durch eine Aussage von folgender Form ersetzt werden: „Wenn die Disposition D vorliegt, so wird sich mit einer Wahrscheinlichkeit r/s die Reaktion R^j zeigen, sofern die Testbedingung B^j erfüllt ist." An den oben aufgezeigten drei wissenschaftstheoretischen Konsequenzen ändert sich dadurch nichts. Es tritt lediglich eine zusätzliche Komplikation auf: Da alle Reduktionssätze jetzt einen quantitativen Wahrscheinlichkeitsparameter enthalten, ist die Überprüfung des Vorliegens oder Nichtvorliegens eines Dispositionsprädikates mit allen *Schwierigkeiten der Stützung und Bestätigung statistischer Hypothesen* behaftet.

Falls man es zuläßt, daß die Beobachtungssprache durch deterministische oder statistische Reduktionssätze für bestimmte Prädikate erweitert wird, so soll die so erweiterte Beobachtungssprache L_B^* genannt werden.

1.d Carnaps Abkehr vom Verfahren der Reduktionssätze. Die bisher angeführten Merkmale von Reduktionssätzen, durch welche diese sich von Definitionen unterscheiden — nämlich daß sie nicht dem Eliminierbarkeitsprinzip genügen, daß sie die Bedeutungen der eingeführten Dispositionsterme nicht vollständig festlegen und daß sie außer in einem selten realisierten Grenzfall empirische Hypothesen zur Folge haben —, können nach CARNAPS Auffassung nicht für die Zwecke von Einwendungen gegen diese Methode benützt werden, solange nicht der Nachweis erbracht wurde, daß Dispositionsterme prinzipiell definierbar seien. Dagegen glaubt CARNAP, daß ein ganz anderer Nachteil der von ihm entwickelten Methode es als ratsam erscheinen läßt, diese Methode doch wieder fallen zu lassen.

Es scheint nämlich keine Möglichkeit zu geben, in den Fällen *mit negativem Ausgang* den Einklang mit dem tatsächlichen und als vernünftig empfundenen Verhalten der Naturforscher herzustellen. Betrachten wir dazu einen bilateralen Reduktionssatz von der Gestalt (α). Daß das durch diesen Satz beschriebene Testverfahren für ein Objekt a ein negatives Resultat liefert, bedeutet, daß auf Grund von Beobachtungen dem Objekt a das Prädikat $B_1 \wedge \neg R_1$ zugeschrieben werden muß. Aus (α) folgt dann *rein logisch* $\neg Da$. *Das Beobachtungsresultat müßte somit als ein schlüssiger Nachweis dafür angesehen werden, daß dem Gegenstand a die Disposition D nicht zukommt.* Es möge beachtet werden, daß sich *in dieser Hinsicht* Reduktionssätze genauso verhalten wie Definitionen. Denn es gilt ja auch: Ist das Definiens nicht erfüllt, so kann auch das Definiendum nicht vorliegen.

Tatsächlich wird ein Naturforscher häufig das negative Ergebnis eines derartigen Tests feststellen und trotzdem behaupten, daß das Dispositionsprädikat zutreffe (in unserem Beispiel also, daß Da gelte). Dies wird nämlich immer dann der Fall sein, wenn der Forscher wegen andersartiger Befunde gute Gründe dafür besitzt anzunehmen, daß die Disposition vorliegt. Diese positiven Gründe überwiegen dann das negative Resultat.

Wie wird der Naturforscher sein Verhalten im einzelnen rechtfertigen? Er wird etwa darauf hinweisen, *daß das fragliche Testverfahren keineswegs absolut zuverlässig sei, sondern nur unter der Voraussetzung gelte, daß keine störenden*

Faktoren vorhanden sind. Das operationale Verfahren ist *in der Sicht des Naturforschers* somit als mit einer *Ausweichklausel* versehen zu denken.

Wenn man diese Art von Rechtfertigung gelten läßt, *so folgt unmittelbar die Inadäquatheit von* (α). *Denn hier ist für eine derartige Ausweichklausel kein Platz.* Dies ergibt sich, wie wir bereits feststellten, einfach daraus, daß $\neg Da$ eine streng *logische* Folgerung von (α) und der Konjunktion $B_1 a \wedge \neg R_1 a$ ist. Es verhält sich hier nicht anders als im Fall der Definition. Man kann nicht einen Term durch Definition einführen und dazu die Einschränkung hinzufügen, daß diese Definition nur gelten solle, *wenn gewisse nicht näher spezifizierte störende Umstände nicht eintreten.* Durch eine derartige Ausweichklausel würde man vielmehr kundtun, daß man das definitorische Verfahren der Begriffseinführung an dieser Stelle preisgeben wolle.

Zur Illustration der erwähnten „normalen" Reaktionsweise eines Naturwissenschaftlers bringt CARNAP das folgende anschauliche Beispiel[13]: I_0 sei die Eigenschaft, welche einem Draht zu einem Zeitpunkt t genau dann zukommt, wenn er zu t keinen elektrischen Strom von mehr als 0,1 Ampère führt. Unter den zahlreichen Testverfahren zur Überprüfung des Vorliegens dieser Eigenschaft befindet sich das folgende: Man bringt eine Magnetnadel in die Nähe des Drahtes (Bedingung B) und untersucht, ob diese Nadel aus ihrer Normallage um nicht mehr als um einen bestimmten Betrag abgelenkt wird (charakteristische Reaktion R). Angenommen, die folgenden drei Bedingungen seien erfüllt: (1) eine Reihe von anderen Tests hat jedesmal zu einem positiven Resultat bezüglich I_0 geführt; (2) der Wissenschaftler wird in der Annahme, daß I_0 vorliege, zusätzlich dadurch bestärkt, daß er durch noch so genaue Untersuchungen keine Stromquelle entdecken kann; (3) der vorliegenden Test führt jedoch zu einem negativen Resultat, d. h. zu einer viel zu starken Abweichung der in die Nähe des Drahtes gebrachten Magnetnadel, als es bei Vorliegen von I_0 zu erwarten wäre. Dann wird er sicherlich, und zwar durchaus mit Recht, annehmen, daß trotzdem I_0 vorliege und daß das unerwartete Testergebnis *durch einen noch nicht entdeckten störenden Faktor verursacht* worden sei, z. B. durch einen verborgenen Elektromagneten. Diesen Appell an die Ausweichklausel könnte er nicht mehr erbringen, hätte er für die Disposition I_0 den Reduktionssatz $B \rightarrow (I_0 \leftrightarrow R)$ akzeptiert. Wegen der Wahrheit von $B \wedge \neg R$ wäre er dann nämlich aus rein logischen Gründen *gezwungen*, $\neg I_0$ zu behaupten.

In der Psychologie verhält es sich ganz analog wie in der Physik. Nehmen wir an, daß das Dispositionsprädikat „einen Intelligenzquotienten von mehr als 130 besitzen" *als reines Dispositionsprädikat* eingeführt werden soll. Dann wäre es im einfachsten Fall durch einen einzigen Reduktionssatz zu charakterisieren, worin nach dem Schema (α) diese Disposition dadurch festgelegt würde, daß auf einen bestimmten Test durch bestimmte Antwor-

[13] [Theoretical Concepts], S. 68f.

ten reagiert wird. Testbedingungen und Antworten müßten ausschließlich mit Hilfe von Beobachtungsprädikaten, die das beobachtbare Verhalten beschreiben, formuliert werden. *Es steht dem Psychologen frei, eine solche Deutung seines Begriffs vorzunehmen. Er muß dann auch die Konsequenzen dieser seiner Entscheidung akzeptieren, die ihm vielleicht nicht erwünscht erscheinen.* Angenommen etwa, er nimmt heute den betreffenden Test an einer Person vor und das Ergebnis sei negativ. Dann *muß* er der Person die Eigenschaft, einen I. Q. von mehr als 130 zu besitzen, absprechen, selbst dann, wenn er im nachhinein erfährt, daß die Person sich während des Testvorganges wegen außergewöhnlicher Umstände in einer sehr niedergedrückten Stimmung befand und diese Tatsache vor Beginn des Tests verschwiegen hatte. *Abermals steht dem Forscher keine Ausweichklausel zur Verfügung.* Da die meisten Psychologen diese Konsequenz *nicht* akzeptieren und ein unter derartigen anormalen Umständen gewonnenes Resultat nicht als schlüssig ansehen würden, können sie den obigen Begriff *nicht als reinen Dispositionsbegriff* verstehen, sondern müssen ihn *als theoretischen Begriff* deuten. Bei einer solchen Interpretation kann nämlich analog wie in den physikalischen Beispielen kein Testergebnis als absolut schlüssig angesehen werden, sondern liefert bestenfalls eine hohe Wahrscheinlichkeit für oder gegen das Vorliegen der fraglichen Disposition, also etwas, das auf Grund neuer empirischer Befunde revidiert werden kann[14].

Da bereits auf der vorwissenschaftlichen Stufe die meisten Menschen ihre psychologischen Urteile über die Mitmenschen *als korrigierbar auf Grund späteren Verhaltens* ansehen, kann man sagen, daß schon auf dieser Stufe der Ansatz für theoretische Begriffsbildungen gegeben ist. Vermutlich kann man noch weiter gehen: Wenn man solche alltagssprachlichen Ausdrücke wie „Wissen" und „Glauben" *in ihrer üblichen Verwendung* analysiert, so zeigt sich, daß damit weder psychische Phänomene noch Dispositionen bezeichnet werden, sondern daß es sich um davon verschiedene abstrakte Begriffe handelt, deren alltägliches Verständnis in eine Miniatur*theorie* des Glaubens und Wissens eingebettet ist[15].

Carnap entschließt sich jedenfalls, bei dem Konflikt zwischen Reduktionssatzmethode und vernünftiger Reaktionsweise des Naturwissenschaftlers dem letzteren recht zu geben und die Methode der Reduktionssätze als unangemessen preiszugeben.

Was aber soll an die Stelle dieser Methode treten? Carnaps Vorschlag, der später noch viel ausführlicher erörtert werden soll, geht kurz gesagt dahin: Von der *für sich verständlichen* empiristischen Grundsprache, die von

---

[14] Für eine etwas ausführlichere Erörterung des Problems, ob psychologische Begriffe als Dispositionsbegriffe einzuführen sind, vgl. Carnap, a. a. O., S. 69ff.

[15] Für eine genauere Erörterung dieses Punktes vgl. W. Stegmüller [Erklärung und Begründung], Kap. VI, 8.

nun an die *Beobachtungssprache* L_B heißen soll, ist eine zweite wissenschaftliche Sprache: *die theoretische Sprache* L_T, zu unterscheiden, in der die Theorie T formuliert wird und die *nicht für sich verständlich* ist und auch nicht vollständig, sondern *nur partiell empirisch gedeutet* wird, nämlich auf dem Wege über eigene Korrespondenz- oder Zuordnungsregeln Z, welche einige (aber nicht alle!) nichtlogischen Ausdrücke von L_T mit Ausdrücken der Beobachtungssprache verknüpfen. *Die Dispositionsterme sind als theoretische Begriffe zu konstruieren, die überhaupt nicht in der Beobachtungssprache, sondern nur in der theoretischen Sprache vorkommen.* Durch diese Verlagerung von L_B in L_T kann dem, was wir oben die *Ausweichklausel* nannten, Rechnung getragen werden. Am deutlichsten wird dies, wenn man es gleich formal präzisiert (für eine genauere Beschreibung von L_T, L_B sowie der Regeln Z vgl. das folgende Kapitel)[16]. „M" sei ein *als theoretischer Term* konstruierter Dispositionsbegriff. Eine beobachtungsgemäßige Konsequenz S_B werde aus gewissen theoretischen Annahmen über das Vorliegen von M (abgekürzt: S_M), weiteren theoretischen Annahmen S_K, beobachtungsmäßig beschreibbaren Aussagen, z. B. Annahmen über die in einem Laboratorium vorliegenden Verhältnisse (abgekürzt: S_B^*)[17], unter Verwendung der Theorie T und der Regeln Z abgeleitet. Wir erhalten also die Deduktion: $S_M, S_K, S_B^*, T, Z \vdash S_B$ (1). Angenommen nun, die zu erwartende beobachtungsmäßige Konsequenz S_B treffe nicht ein; es gelte also: $\neg S_B$. Aus der metatheoretischen Aussage (1) ist zwar tatsächlich die folgende durch Umformung zu gewinnen: $\neg S_B, S_K, S_B^*, T, Z \vdash \neg S_M$ (2). Im Gegensatz zum Fall der Reduktionssätze sind wir aber trotz der Verifikation von $\neg S_B$ (und bei Festhalten an der Theorie T sowie den Regeln Z) *nicht* gezwungen, $\neg S_M$ zu akzeptieren. *Wir können statt dessen die Vermutung aufstellen, daß die theoretischen Annahmen S_K oder die empirischen Annahmen S_B^* oder beide falsch waren.* Wenn geeignete Umstände vorliegen, werden wir *diese* Vermutung als gut bestätigt annehmen. *Auf diese Weise können wir der Konsequenz entgehen, sagen zu müssen, daß „M" nicht vorliege* (während wir bei Verwendung des Reduktionssatzes (α) bei Gegebensein des empirischen Sachverhaltes $B_1 \wedge \neg R_1$ sagen mußten, daß D nicht vorliege).

Am obigen Beispiel erläutert: Es sei I_0 als theoretischer Term in eine theoretische Sprache eingeführt worden, in der eine Theorie T formuliert wurde. Es möge aus $T \wedge Z$, einer Annahme über das Vorliegen von I_0 *sowie gewissen weiteren Prämissen* eine Beobachtungsaussage S_B abgeleitet werden. In den weiteren Prämissen wird *das Nichtvorliegen außergewöhnlicher Umstände* beschrieben (ob diese weiteren Prämissen reine Beobachtungssätze oder Kombinationen von solchen und theoretischen Aussagen darstellen, kann nicht generell gesagt werden. Im vorliegenden Fall wird es sich zweifel-

[16] Wir führen dies etwas detaillierter aus, weil sich bei CARNAP keine derartige Analyse findet, dagegen nur intuitive Hinweise gegeben werden.

[17] Einer der beiden Sätze S_K oder S_B^* kann auch wegfallen.

los um eine derartige Kombination, die oben durch $S_K \wedge S_B^*$ angedeutet wurde, handeln müssen. Denn eine Aussage über einen verborgenen *Elektromagneten* enthält sicherlich theoretische Begriffe, wie z. B. „magnetisch" u. dgl.). Erweist sich S_B als falsch, so kann der Wissenschaftler *entweder* auf das Nichtvorliegen von I_0 *oder* auf das Vorliegen außergewöhnlicher Umstände (Preisgabe jener Zusatzprämisse) schließen. *Welches von beiden der Fall ist, kann nur auf Grund anderweitiger Tests entschieden werden.* Im früheren Fall (Reduktionssätze) hatte der Forscher, wie wir sahen, *keine* solche Wahlfreiheit; es wäre ihm dort nur die erste Alternative offen gestanden. *Damit ist gezeigt worden, daß die Umdeutung der Dispositionsterme in theoretische Begriffe den gewünschten Einklang mit der vernünftigen Verhaltensweise des Naturwissenschaftlers herstellt. Der Zusammenhang mit dem, was operationale Definition genannt werden könnte, wurde allerdings jetzt vollkommen zerstört.*

Carnap zieht aus diesen Überlegungen noch einen allgemeineren Schluß von folgender Art: Angenommen, ein Wissenschaftler habe sich für eine solche Verwendung eines Prädikates „M" entschieden, „daß für bestimmte Sätze über M keine möglichen Beobachtungsergebnisse jemals einen absolut schlüssigen Nachweis liefern können, sondern bestenfalls nur eine hohe Wahrscheinlichkeit"[18]. Dann wird der geeignete Ort für „M" die theoretische Sprache L_T eines Zweisprachensystems sein, in welchem neben der Beobachtungssprache L_B eine theoretische Sprache L_T unterschieden wird.

Unvermerkt gleitet Carnap hier in eine Begriffsverwirrung hinein. Es handelt sich um einen Irrtum, der in ähnlicher Weise bei der Erörterung metrischer Begriffe von Hempel begangen worden ist[19], wie Hempel später selbst feststellte. Es dürfte daher sinnvoll sein, bei diesem Punkt noch für einen Augenblick zu verweilen.

Was Carnap *wirklich gemeint hat*, geht aus dem Zusammenhang klar hervor: Es handelt sich um die Dispositionsprädikate und ihre Einführung durch Reduktionssätze. Die Tatsache, daß bei dieser Methode kein Raum für eine Ausweichklausel bleibt und daß daher positive oder negative Resultate *als schlüssige Beweise* für das Vorliegen oder Nichtvorliegen der Disposition gedeutet werden müßten, während sie gemäß der Intention des Erfahrungswissenschaftlers *nicht* so gedeutet werden *sollten*, führte ihn zu dem Resultat, daß Dispositionsprädikate stattdessen als theoretische Prädikate einzuführen seien[20]. *Der Fehler liegt in der Generalisierung, d. h. in der Verallgemeinerung der analogen Feststellung für sämtliche Prädikate.* Dadurch werden zwei ganz

[18] „that for certain sentences about M, any possible observational results can never be absolutely conclusive evidence but at best evidence yielding a high probability", a. a. O., S. 69.

[19] In [Fundamentals], Abschn. 12.

[20] Dies ist natürlich eine inkorrekte Sprechweise. Genauer müßte es heißen, daß Prädikate, die nach der bisherigen Deutung als Dispositionsprädikate betrachtet wurden, als theoretische Prädikate *zu rekonstruieren* sind.

verschiedene Begriffe zusammengeworfen, nämlich der Begriff „*beobachtungsmäßig entscheidbar*" und der Begriff „*in der Beobachtungssprache definierbar*" (kurz: „L_B-definierbar"). Das, worum es bei der ganzen Diskussion ging, war das letztere und nicht das erstere: Nicht L_B-definierbare deskriptive Terme sind als theoretische Terme zu interpretieren. Daß Dispositionsprädikate nicht L_B-definierbar sind, war von CARNAP auf Grund der früheren Untersuchungen bereits vorausgesetzt worden. Mit den Reduktionssätzen sollten diese nicht L_B-definierbaren Prädikate sozusagen „eine letzte Chance" erhalten, in die Beobachtungssprache eingeführt zu werden. Leider stellte sich heraus, daß die Reduktionssatzmethode die in sie gesetzte Erwartung nicht erfüllt. Es ist aber nun falsch zu behaupten, daß dieser *ganz spezielle Grund*, der *nur gegen die Methode der Reduktionssätze* spricht, als *Grund für die Deutung* von *allen* Prädikaten, *die in der Beobachtungssprache definierbar sind*, als theoretischer Prädikate genommen werden müßte, sofern für diese Prädikate keine beobachtungsmäßig entscheidbaren Kriterien angegeben werden können.

HEMPEL hat in [Dilemma] darauf hingewiesen, daß viele L_B-definierbaren Prädikate nach diesem Carnapschen Kriterium *als theoretische Prädikate* gedeutet werden müßten. Wir führen eines seiner Beispiele an: Der Individuenbereich bestehe aus allen physischen Objekten des Universums. „$Sxyz$" besage dasselbe wie „der Gegenstand y ist von x weiter entfernt als der Gegenstand z". „S" sei als Beobachtungsprädikat anerkannt. Es möge nun in die Beobachtungssprache ein weiteres Prädikat „M" durch die folgende Definition eingeführt werden:

$$Mx \leftrightarrow \bigvee y \bigwedge z\, (z \neq y \rightarrow Sxyz)$$

Auf ein Objekt x soll dieses neue Prädikat also genau dann zutreffen, wenn es einen Gegenstand y gibt, der von x weiter entfernt ist als alle von y verschiedenen Gegenstände. Können wir für ein konkretes Objekt a feststellen, ob „Ma" gilt oder nicht, d. h. ob dieser Satz wahr oder falsch ist? Zu jedem Zeitpunkt stehen uns für die Überprüfung einer empirischen Behauptung nur endlich viele Beobachtungssätze, d. h. Basissätze (Atomsätze oder Negationen von solchen) aus L_B zur Verfügung. Wenn man unter der Feststellung des Wahrheitswertes von „Ma" die Ableitbarkeit dieses Satzes oder seiner Negation aus endlich vielen Beobachtungssätzen versteht, so ist eine derartige Feststellung ausgeschlossen. In der üblichen Terminologie ausgedrückt: „Ma" ist weder verifizierbar noch falsifizierbar. (*Hinweis:* Es sei eine Überprüfung für die n Objekte $b_1, \ldots, b_n$ erfolgt. Falls sich dabei herausgestellt haben sollte, daß b_k von a weiter entfernt ist als die übrigen $n - 1$ Objekte, so ist damit die Behauptung *nicht verifiziert*; denn es könnte ja z. B. einen noch unentdeckten Körper b_{n+1} geben, der von a gleich weit entfernt ist wie b_k, ohne daß es ein Objekt b_{n+2} gäbe, das von a noch weiter entfernt ist. Oder es könnte z. B. zwei unentdeckte, von a gleich weit entfernte Körper geben, die von a weiter entfernt sind als alle übrigen Dinge, insbesondere auch weiter entfernt als b_k. *In allen diesen Fällen wäre die Aussage trotz der positiven Bestätigung durch die n Beobachtungen falsch.* Falls sich dagegen erwiesen haben sollte, daß b_k und b_l gleich weit von a entfernt sind, obzwar weiter als alle übrigen $n-2$ überprüften Objekte, so ist damit die Behauptung *nicht falsifiziert.* Denn es könnte ja einen noch unentdeckten Gegenstand c geben, der von a weiter entfernt ist als alle übrigen Objekte, insbesondere auch weiter entfernt als b_k und b_l. *In einem solchen Fall wäre die Aussage trotz der sie erschütternden n Beobachtungen richtig.*) Unsere Aussage kann daher höchstens als mehr oder weniger gut bestätigt bzw. erschüttert gelten.

Hempel weist darauf hin, daß es bei Zugrundelegung des eben zitierten Carnapschen Kriteriums durchaus theoretische Terme geben könne, die in der Beobachtungssprache definierbar seien. Dazu ist zu sagen: Was soll denn der Ausdruck „theoretischer Term" dann noch bedeuten? *Gemeint* war doch offenbar dies: *Ein Begriff ist als theoretischer Begriff zu deklarieren, wenn die Beobachtungssprache* (sei es die einfache Beobachtungssprache L_B oder die erweiterte Beobachtungssprache L_B^*) *nicht ausreicht, um diesen Begriff einzuführen.* Dann ist „M" trotz des geschilderten Resultates natürlich als Beobachtungsprädikat zu bezeichnen.

Statt also die Schlußfolgerung zu ziehen, daß nach Carnap auch *in der Beobachtungssprache definierbare theoretische Terme* existieren, ist die Feststellung unvermeidlich, daß Carnap an der zitierten Stelle ein Irrtum unterlaufen ist, da er hier etwas behauptet, was mit seiner Intention nicht in Einklang zu bringen ist. Das Unterscheidungskriterium zwischen Beobachtungsprädikaten und theoretischen Prädikaten kann nur lauten: *in L_B definierbar* (bzw. allgemeiner: *in L_B^* einführbar*) *oder nicht.* Nehmen wir der Einfachheit halber an, wir hätten uns für die einfache Beobachtungssprache L_B entschieden. Man kann dann außerdem die Klasse der Beobachtungsterme unterteilen in die Klasse der *beobachtungsmäßig entscheidbaren* und in die der *beobachtungsmäßig nicht entscheidbaren.* Zur ersten Klasse gehörten danach alle Grundprädikate von L_B sowie alle definierten Prädikate, deren Definiens molekulare Struktur hat, also *keine Quantoren* enthält. Zur zweiten Klasse gehörten alle definierten Prädikate, in deren Definiens *mindestens ein Quantor* vorkommt. Bezüglich dieser zweiten Klasse könnte man feinere Unterscheidungen treffen je nachdem, ob das Definiens nur Allquantoren enthält (Prädikate mit „prinzipieller Falsifikationsmöglichkeit") oder nur Existenzquantoren (Prädikate mit „prinzipieller Verifikationsmöglichkeit") oder, wie im obigen Beispiel, beide Arten von Quantoren.

Abschließend stellen wir fest, daß Carnaps kritische Betrachtungen über Dispositionsprädikate zwar *ein überzeugendes Motiv für die Einführung theoretischer Begriffe* in einer Zweisprachstufentheorie bilden, daß sie aber *keinen Beweis* dafür enthalten, daß diese Deutung zu akzeptieren ist.

2. Die Diskussion über die Einführung metrischer Begriffe in die Wissenschaftssprache

2.a HEMPEL ist auf dem Wege, eine Analyse der Methoden, metrische Begriffe in die Wissenschaftssprache einzuführen, ursprünglich zu demselben Ergebnis gekommen wie CARNAP im Rahmen seiner Beschäftigung mit Dispositionsbegriffen. HEMPEL meinte, daß jede Größe, die auch für *irrationale* Zahlen erklärt sei, *als theoretischer Begriff gedeutet werden müsse*, der durch die verfügbaren empirischen Verfahren nur partiell interpretierbar sei. Als Begründung dieser Auffassung führte er in [Fundamentals] die Tatsache an, daß mit der Zulassung von irrationalen Zahlen das Prinzip der Kommensurabilität preisgegeben werden müsse, während sämtliche empirischen Meßverfahren wegen der Grenzen der Beobachtungsgenauigkeit niemals gegen dieses Prinzip verstoßen könnten[21]. In [Dilemma] ist HEMPEL von dieser Auffassung wieder abgerückt, und zwar infolge einer von ihm selbst vorgenommenen Kritik, die jener analog ist, die im vorangehenden Abschnitt an CARNAPs Argumentation geübt worden ist.

HEMPEL versucht dort zu zeigen, daß sich *durch Verstärkung des logischen und mathematischen Apparates der Beobachtungssprache* auch sehr komplexe theoretische Begriffe in diese Sprache einführen lassen, so daß sein ursprüngliches Argument nicht schlüssig war[22]. Er weist zunächst darauf hin, daß für ein Prädikat, dessen Definiens keine endlichen Beobachtungskriterien für die Anwendung dieses Prädikates liefert, *im nachhinein* ein extensionsgleiches Prädikat gefunden werden kann, welches einen wahrheitsfunktionellen Komplex von Beobachtungsprädikaten (oder ein derartiges Prädikat selbst) darstellt.

Doch dies ist nicht der springende Punkt. Um die Ausgangsbasis für die folgenden Erörterungen zu präzisieren, sollen über *die Struktur der Beobachtungssprache* L_B die folgenden Annahmen gemacht werden: Diese Sprache enthalte als undefinierte Grundterme endlich viele Individuenkonstante, welche beobachtbare Gegenstände bezeichnen; ferner endlich viele Prädikate, welche beobachtbare Eigenschaften und Beziehungen beobachtbarer Gegenstände zum Inhalt haben; und schließlich endlich viele Funktoren, die metrische Begriffe designieren. Wegen der Tatsache, daß sich auf Grund von Beobachtungen stets nur endlich viele Werte unterscheiden lassen (wieder wegen der Grenzen der Beobachtungsgenauigkeit), soll jeder dieser Funktoren nur endlich viele Werte annehmen.

Nimmt man nun die Tatsache hinzu, daß naturwissenschaftliche Größen stets für ein ganzes *Kontinuum von reellen Zahlwerten* definiert sind, so ergibt

[21] [Fundamentals], S. 68. Nebenher sei erwähnt, daß sich an dieser Stelle eine Verwechslung einer hinreichenden mit einer notwendigen Bedingung findet. Doch ist dieser Punkt für unser gegenwärtiges Thema ohne Relevanz.

[22] Vgl. [Dilemma], in: [Aspects], S. 199ff.

sich unmittelbar, daß diese Größen nicht unter den Grundtermen der Beobachtungssprache vorkommen können. *Daraus folgt jedoch keineswegs, daß nicht auch Größen, die für unendlich viele Werte erklärt wurden, in L_B definierbar sind.* HEMPEL skizziert diese Möglichkeiten unter der zusätzlichen Annahme, daß erstens die in L_B verfügbare Logik jeweils hinreichend stark ist und daß zweitens *nicht* die Forderung erhoben wird, *daß für jeden zulässigen Wert, den ein Funktor annehmen kann, eine endliche Anzahl von beobachtbaren Anwendungskriterien zur Verfügung steht.*

Solange es sich nur darum handelt, für zwar beliebige, aber *bestimmte* natürliche Zahlen den Wert eines Funktors zu erklären, entstehen keine Schwierigkeiten. Es kann dann die von FREGE eingeleitete logizistische Analyse benützt werden, um das Ziel zu erreichen. L_B enthalte etwa die drei Prädikate „Ox" („x ist ein Organismus"), „Zx" („x ist eine Zelle") und „Txy" („x bildet einen konkreten Teil von y"). Die Aufgabe laute: Für den Funktor „$f(x)$" mit der Bedeutung „die Anzahl der Zellen, welche im Organismus x enthalten sind" soll für jeden der unendlich vielen Zahlenwerte 1, 2, 3, . . ., die dieser Funktor annehmen kann, ein in L_B definierbares Anwendungskriterium gegeben werden; anders ausgedrückt: für jede der unendlich vielen Aussageformen „$f(x) = n$" mit der Variablen „x", aber der fest gewählten Ziffer „n", soll eine Definition geliefert werden. Es wird dagegen nicht verlangt, den Funktor selbst in seiner Allgemeinheit zu definieren.

Die Lösung der Aufgabe für $n = 2$ würde z. B. so aussehen:

$$Ox \wedge \bigvee y \bigvee z \bigwedge v \left[(Zv \wedge Tvx) \leftrightarrow (y \neq z \wedge (v = y \vee v = z))\right]$$

(umgangssprachlich übersetzt etwa: „x ist ein Organismus, für den gilt: es gibt ein Objekt y und ein Objekt z, so daß ein beliebiger Gegenstand v genau dann eine in x vorkommende Zelle ist, wenn y von z verschieden ist und v mit einem dieser beiden Objekte y oder z identisch ist").

Um dieses erste Ziel zu erreichen, braucht man also für L_B nur die Quantorenlogik mit Identität vorauszusetzen. Falls entsprechende stärkere mengentheoretische Hilfsmittel zur Verfügung stehen, kann der Funktor „die Anzahl der Zellen, welche im Organismus x enthalten sind", selbst definiert werden. Dies sei kurz angedeutet. Wir können dabei natürlich nicht sämtliche Begriffe auf die entsprechenden mengentheoretischen Grundbegriffe zurückverfolgen. Es sei „$\underset{f}{\longleftrightarrow}$" eine Abkürzung für: „$f$ ist eine umkehrbar eindeutige Abbildung". „$a \underset{f}{\longleftrightarrow} b$" besagt, daß f eine umkehrbar eindeutige Abbildung von a auf b darstellt. Daß zwei Mengen α und β gleichmächtig sind („gleichzahlig" in der Terminologie FREGES), soll heißen, daß eine umkehrbar eindeutige Abbildung von α auf β existiert. Für „α ist gleichmächtig mit β" schreiben wir abkürzend: „$\alpha \sim \beta$". Dieser Ausdruck kann als definitorische Abkürzung von „$\bigvee f\left(\alpha \underset{f}{\longleftrightarrow} \beta\right)$" aufgefaßt werden.

Mit Hilfe des Klassenoperators „$\{x \mid Fx\}$" für „die Klasse der x, so daß Fx gilt" kann jetzt der gewünschte Funktor folgendermaßen definiert werden: $\{\alpha \mid \alpha \sim \{y \mid Zy \wedge Ox \wedge Tyx\}\}$ (Erläuterung: der Term „$\{y \mid Zy \wedge Ox \wedge Tyx\}$" bezeichnet die Menge der im Organismus x enthaltenen Zellen. In der logizistischen Analyse wird die Anzahl (Kardinalzahl) dieser Menge identifiziert mit der Klasse aller Mengen, die mit dieser Menge gleichzahlig sind.)

Damit ist deutlich geworden, wie man auf dem Wege über eine Verstärkung der logisch-mathematischen Hilfsmittel, die in L_B zur Verfügung stehen, den fraglichen Funktor nicht nur für einzelne vorgegebene Zahlen, sondern allgemein für beliebige Zahlen definieren kann.

Der wissenschaftstheoretisch entscheidende Schritt ist aber erst dann vollzogen, wenn gezeigt wurde, wie sich Funktoren in L_B definieren lassen, die nicht nur für unendlich viele Werte von positiven ganzen Zahlen, sondern *für ein ganzes Kontinuum von reellen Zahlen*, insbesondere also auch für irrationale Zahlen, definiert sind. Während dieser wichtige Fall bei HEMPEL, a. a. O., S. 201, nur angedeutet wird, soll er hier etwas genauer geschildert werden. Dafür ist es erforderlich, die Einführung von reellen Zahlen in eine Wissenschaftssprache zu beschreiben. Dieser Aufgabe wenden wir uns im nächsten Unterabschnitt zu[23]. (Wer an den technischen Einzelheiten im Aufbau der reellen Zahlen nicht interessiert ist, kann sich darauf beschränken, das *Ergebnis* des folgenden Unterabschnittes zur Kenntnis zu nehmen, und dann sofort zu dem eigentlich wichtigen Unterabschnitt 2.c übergehen.)

2.b Es gibt zwei prinzipiell verschiedenartige Methoden des Aufbaues der Theorie der reellen Zahlen. Die eine Methode ist die *algebraisch-axiomatische*. Von algebraischem Vorgehen spricht man deshalb, weil hier einer der wichtigsten Begriffe der modernen Algebra, nämlich der Begriff des Körpers, im Vordergrund steht. Unter einem *Körper* versteht man eine Menge M, für welche zwei zweistellige Operationen definiert sind, die man größerer Suggestivität halber durch die Funktorsymbole „+" und „·" bezeichnet. Diese Operationen müssen die folgenden Bedingungen erfüllen[24]: (1) je zwei Elementen x und y aus M ist genau ein Element $x + y$ aus M zugeordnet; (2) je zwei Elementen x und y aus M ist genau ein Element $x \cdot y$ aus M zugeordnet; (3) $x + y = y + x$ (Kommutativität der Operation +); (4) $x + (y + z) = (x + y) + z$ (Assoziativität der Operation +); (5) es gibt ein Element $0 \in M$, so daß für alle x aus M gilt: $x + 0 = x$ (Existenz des Nullelementes); (6) zu jedem $x \in M$ gibt es ein $y \in M$, so daß gilt: $x + y = 0$ (Lösbarkeit der Gleichung $x + y = 0$. Die Formulierung dieses Prinzips

[23] Für eine ausführliche und exakte Schilderung dieses Aufbaues vgl. P. SUPPES, [Set Theory], Kap. VI.

[24] Nur für die Formulierung der ersten beiden Bedingungen führen wir die Elementschaft in M ausdrücklich an; für die folgenden setzen wir sie meist stillschweigend voraus. Strenggenommen müßten also diese weiteren Bedingungen als Konditionalaussagen formuliert werden.

setzt voraus, daß man die Eindeutigkeit der Null beweisen kann, was tatsächlich der Fall ist.); (7) $x \cdot y = y \cdot x$ (Kommutativität der Operation $\cdot$); (8) $x \cdot (y \cdot z) = (x \cdot y) \cdot z$ (Assoziativität der Operation $\cdot$); (9) es gibt ein Element $1 \in M$, so daß $1 \neq 0$ und für alle $x \in M$ gilt: $x \cdot 1 = x$ (Existenz des Einselementes); (10) zu jedem $x \in M$, so daß $x \neq 0$, gibt es ein y, so daß gilt: $x \cdot y = 1$ (Lösbarkeit der Gleichung $x \cdot y = 1$. Diesmal ist die beweisbare Eindeutigkeit der Eins vorausgesetzt); (11) $x \cdot (y + z) = x \cdot y + x \cdot z$ (linksseitiges Distributivitätsgesetz der Operation $\cdot$ bezüglich der Operation $+$).

Bei diesen Regeln handelt es sich um nichts weiter als um diejenigen Prinzipien, aus denen man sämtliche bereits bekannten Eigenschaften der Addition und der Multiplikation ableiten kann.

Ein solcher Körper wird ein *angeordneter Körper* genannt, wenn außer den beiden Operationen $+$ und $\cdot$ noch eine zweistellige Relation für die Menge M definiert ist. Wieder wird aus Gründen der Anschaulichkeit diese Relation durch ein geläufiges Symbol bezeichnet, nämlich durch „$<$". In bezug auf diese Relation $<$ müssen die Elemente von M den drei folgenden weiteren Gesetzen genügen: (12) wenn $x < y$ und $y < z$, dann $x < z$ (Transitivität von $<$); (13) wenn $x < y$, dann gilt für beliebiges $z \in M$: $x + z < y + z$ (Monotoniegesetz der Operation $+$ bezüglich der Relation $<$); (14) wenn $x < y$ und $0 < z$, dann $x \cdot z < y \cdot z$ (Monotoniegesetz der Operation $\cdot$ bezüglich der Relation $<$).

Als letztes ist die sog. Vollständigkeitseigenschaft zu formulieren. Wir verwenden „$x \leqq y$" als Abkürzung für „$x < y \vee x = y$". Wenn für jede Menge N von Elementen aus M (also für jedes $N \subseteq M$) ein Element $y \in M$ existiert, so daß für alle $x \in N$ gilt: $x \leqq y$, so wird die Menge N *nach oben beschränkt* genannt, und y heißt eine *obere Schranke* von N. Die formale Definition der Forderung, daß für jede Teilmenge N von M eine obere Schranke in M existiert, lautet also:

$$\wedge N \vee y \wedge x (N \subseteq M \rightarrow (x \in N \rightarrow y \in M \wedge x \leqq y)) .$$

Das Definiens von „y ist eine obere Schranke von N" lautet: $\wedge x (x \in N \rightarrow x \leqq y)$. Ein Element $z \in M$ wird *kleinste obere Schranke* von N genannt, wenn z obere Schranke von N ist und für jede obere Schranke y von N gilt: $z \leqq y$. Die formale Definition von „z ist kleinste obere Schranke von N" lautet: $\wedge x (x \in N \rightarrow x \leqq z) \wedge \wedge y \wedge x [(x \in N \rightarrow x \leqq y) \rightarrow z \leqq y]$. Die *Vollständigkeitseigenschaft* läßt sich durch die folgende Forderung wiedergeben:

(15) *Jede nicht leere nach oben beschränkte Teilmenge N von M besitzt eine kleinste obere Schranke*, symbolisch:

$$\wedge N \{[N \subseteq M \wedge N \neq \emptyset \wedge \wedge x \vee y (x \in N \rightarrow y \in M \wedge x \leqq y)]$$
$$\rightarrow \vee z \wedge u \wedge v [(v \in N \rightarrow u \in M \wedge v \leqq u) \rightarrow z \leqq u]\} .$$

Sind diese 15 Bedingungen erfüllt, so nennt man M einen *beschränkt vollständigen*[25] *angeordneten Körper*. Dieser Begriff wird in eleganter Weise als ein Quadrupel $\langle M, +, \cdot, < \rangle$ eingeführt, so daß die Bedingungen (1) bis (15) erfüllt sind. Auf diese Weise läßt sich die axiomatische Charakterisierung in eine *explizite Definition* des Begriffs des beschränkt vollständigen angeordneten Körpers überführen. *Alle Eigenschaften von reellen Zahlen lassen sich aus dieser Definition ableiten.* Man kann daher jedes Modell dieses Axiomensystems als System von reellen Zahlen ansehen. Unter einem *Modell* des Axiomensystems verstehen wir dabei jedes Gebilde, welches ein Quadrupel darstellt, wobei das erste Glied dieses Quadrupels eine Menge ist, das zweite und dritte zwei Operationen sind und das vierte eine zweistellige Relation ist, so daß zusammen die 15 angegebenen Axiome erfüllt sind.

Eine andere Weise der Einführung von reellen Zahlen besteht darin, daß für diese algebraisch-axiomatische Charakterisierung ein Modell konstruiert wird. Man könnte dies die *konkrete* gegenüber der eben skizzierten *abstrakten* Form der Charakterisierung der reellen Zahlen nennen. Das eben verwendete Verbum „konstruieren" ist nicht im Sinn der konstruktivistischen Logik und Mathematik zu verstehen, sondern so, daß mit mengentheoretischen Hilfsmitteln ein Gebilde eingeführt wird, welches die genannten Forderungen erfüllt. Auch dies sei kurz angedeutet.

Zunächst stellen wir fest, daß es zwei wichtige Varianten dieses modelltheoretischen Vorgehens gibt: das Verfahren von DEDEKIND und das Verfahren von CAUCHY. Im folgenden soll an das Verfahren von CAUCHY angeknüpft werden, da es das vom logisch-systematischen Standpunkt aus befriedigendere ist. Wenn gewöhnlich dem ersten Verfahren der Vorzug gegeben wird, so beruht dies darauf, daß auf diese Weise der Zusammenhang mit dem algebraisch-axiomatischen Vorgehen am raschesten herstellbar ist. Der folgende Hinweis möge hierfür genügen: M sei ein angeordneter Körper. Es sollen also die obigen Axiome (1) bis (14), unter Ausschluß von (15), gelten. (Strenggenommen wäre natürlich wieder ein Quadrupel von der angegebenen Art, so daß (1) bis (14) erfüllt sind, als angeordneter Körper zu bezeichnen.) Es mögen nun zwei Teilmengen $A \subsetneq M$ und $B \subsetneq M$ gegeben sein, welche die folgenden drei Bedingungen erfüllen: (a) weder A noch B ist eine leere Menge; (b) jedes Element von M gehört genau einer der beiden Mengen A oder B an, d. h. diese beiden Mengen liefern eine zugleich disjunkte wie erschöpfende Klasseneinteilung von M; (c) für beliebige Elemente $x \in A$ und $y \in B$ gilt: $x < y$, d. h. die A-Elemente sind im Sinn der Relation $<$ alle kleiner als die B-Elemente.

[25] Die sprachlich etwas irreführende Wendung „beschränkt vollständig" soll andeuten, daß in dem Körper die Existenz einer kleinsten oberen Sckranke für jede nach oben beschränkte Menge gilt.

Ein geordnetes Paar $\langle A, B\rangle$ von Mengen, welche die drei Bedingungen (a) bis (c) erfüllen, nennt man einen *Dedekindschen Schnitt* von M. Falls nun der folgende Satz gilt:

(D) Ein Dedekindscher Schnitt $\langle A, B\rangle$ von M bestimmt eindeutig ein Element $z \in M$, welches die Bedingung erfüllt:

$$\wedge x \wedge y[(x \in A \wedge y \in B) \rightarrow x \leqq z \leqq y],$$

so sagt man, daß M (bzw. genauer: der entsprechende angeordnete Körper) die Dedekindsche Schnitteigenschaft besitzt.

Es gilt nun der folgende Satz: Wenn $\langle M, +, \cdot, <\rangle$ ein angeordneter Körper ist, also die Bedingungen (1) bis (14) erfüllt, so ist die Bedingung (15) (Vollständigkeitseigenschaft) mit der Bedingung (D) (Dedekindsche Schnitteigenschaft) logisch äquivalent[26]. Wegen dieser Äquivalenz ergibt sich auf dem Dedekindschen Weg ein relativ zwangloser Fortschritt von den rationalen zu den reellen Zahlen. Hat man nämlich bereits den angeordneten Körper der rationalen Zahlen konstruiert, so kann man Klasseneinteilungen mit den drei angegebenen Eigenschaften definieren und z. B. die jeweilige Unterklasse mit der durch diese Klasseneinteilung festgelegten reellen Zahl identifizieren.

Wir gehen jetzt dazu über, die Einführung der reellen Zahlen auf dem Wege über *Cauchy-Folgen* — manchmal auch *konzentrierte Folgen*, *Cauchysche Fundamentalfolgen* oder einfach *Fundamentalfolgen* genannt — zu schildern. Dabei müssen wir voraussetzen, daß der relativ triviale Schritt bereits zurückgelegt worden ist, nämlich die Einführung der rationalen Zahlen $\mathbb{R}$, zusammen mit der Definition der Addition und Multiplikation sowie der Kleiner-Relation für diese Zahlen. Einige weitere benötigte Begriffe sollen kurz skizziert werden.

Zweistellige *Relationen* deuten wir extensional, d. h. als Klassen geordneter Paare. Eine einstellige *Funktion* kann als eine rechtseindeutige zweistellige Relation gedeutet werden, d. h. die Aussage, daß f eine einstellige Funktion ist, bildet eine Abkürzung für die Feststellung, daß f eine zweistellige Relation bildet, welche außerdem die folgende Bedingung erfüllt: $\wedge x \wedge y \wedge z[(\langle x, y\rangle \in f \wedge \langle x, z\rangle \in f) \rightarrow y = z]$. Wenn f eine Funktion ist, so schreiben wir, wie üblich, statt „$\langle x, y\rangle \in f$" vielmehr: „$f(x) = y$". Die Klasse der x, so daß es ein y mit $f(x) = y$ gibt, heißt *Argumentbereich* von f; die Klasse der y, so daß es ein x mit $f(x) = y$ gibt, wird *Wertbereich* von f genannt.

$\mathbb{N}$ sei die Menge der positiven ganzen Zahlen. Eine einstellige Funktion f heißt eine *Folge*, wenn der Argumentbereich von f die Menge der natürlichen Zahlen ist. Wenn f eine Folge ist, so schreiben wir „f_n" statt „$f(n)$".

---

[26] Für eine knappe Darstellung des einfachen Beweises vgl. M. Barner, [Differentialrechnung], S. 36f.

f_n heißt n-tes Glied der Folge f. Eine Folge wird *rationale Folge* genannt, wenn der Wertbereich eine (echte oder unechte) Teilmenge der Menge der rationalen Zahlen ist.

f ist eine *rationale Cauchy-Folge* gdw f eine rationale Folge ist, welche die zusätzliche Bedingung erfüllt: $\bigwedge \varepsilon \bigvee N[(\varepsilon \in \mathbb{R} \wedge \varepsilon > 0) \rightarrow (N \in \mathbb{N} \wedge \bigwedge n \bigwedge m (n > N \wedge m > N \rightarrow |f_n - f_m| < \varepsilon))]$ (d. h. für jede rationale Zahl ε, welche größer als 0 ist, existiert eine positive ganze Zahl N, so daß für alle Indizes n und m, die größer sind als N, der absolute Betrag der Differenz zwischen f_n und f_m kleiner ist als ε).

Intuitiv gesprochen handelt es sich bei Cauchy-Folgen darum, daß die Glieder einer solchen Folge um so näher beieinander liegen, je weiter man in der Folge voranschreitet. Die Methode von CAUCHY besteht darin, reelle Zahlen als Äquivalenzklassen von Cauchy-Folgen rationaler Zahlen zu konstruieren. Dazu muß in einem ersten Schritt eine geeignete Äquivalenzrelation $\cong$ eingeführt werden, die auf Cauchy-Folgen anwendbar ist. Für zwei Cauchy-Folgen f und g soll $f \cong g$ (f ist *äquivalent mit* g) so viel heißen wie: $\bigwedge \varepsilon \bigvee N[(\varepsilon \in \mathbb{R} \wedge \varepsilon > 0) \rightarrow (N \in \mathbb{N} \wedge \bigwedge n(n > N \rightarrow |f_n - g_n| < \varepsilon))]$. Diese Definition besagt also ungefähr folgendes: Notwendig und hinreichend dafür, daß zwei Cauchy-Folgen äquivalent sind, ist die Tatsache, daß korrespondierende Glieder der beiden Folgen (d. h. Glieder mit demselben Index) sich immer weniger voneinander unterscheiden. Daß $\cong$ tatsächlich eine formale Äquivalenzrelation ist, also die Merkmale der *Symmetrie*, der *Transitivität* sowie der *Totalreflexivität* besitzt, läßt sich jetzt beweisen.

Zusätzlich zu dieser Äquivalenzrelation muß man noch die Kleiner-Relation $<_c$ zwischen Cauchy-Folgen definieren. Die Definition lautet:

$$f <_c g \leftrightarrow \bigvee \delta \bigvee N[\delta \in \mathbb{R} \wedge \delta > 0 \wedge N \in \mathbb{N} \wedge \bigwedge n (n > N \rightarrow g_n > f_n + \delta)] .$$

Man beachte, daß diese Definition *nicht* trivial ist. Um sagen zu können, daß die Cauchy-Folge g größer ist denn die Cauchy-Folge f, wird die Existenz einer *bestimmten* positiven rationalen Zahl δ sowie die Existenz einer positiven ganzen Zahl N verlangt, so daß für alle Indizes, die größer sind als N, jedes Glied der Folge g um mehr als δ größer ist denn das korrespondierende Glied der Folge f. Die Relation $>$, welche im Definiens vorkommt, ist eine Relation zwischen *rationalen* Zahlen. Die Definition ist also nicht zirkulär.

Die Begriffe $\cong$ sowie $<_c$ sind auf solche Weise eingeführt worden, daß das Trichotomie-Prinzip gilt, welches besagt, daß für zwei Cauchy-Folgen f und g genau einer der drei Fälle gilt: $f \cong g$ oder $f <_c g$ oder $f >_c g$[27].

Die Begriffe der Summe sowie des Produktes von Cauchy-Folgen sind in einem weiteren Schritt zu definieren. Und zwar soll gelten:

$$f + g = h \leftrightarrow \bigwedge n(f_n + g_n = h_n), \text{ sowie: } f \cdot g = \leftrightarrow \bigwedge n(f_n \cdot g_n = h_n).$$

[27] Für den Beweis vgl. SUPPES, a. a. O. S. 179.

Diese letzteren beiden Begriffe können übrigens als *für beliebige rationale Folgen* definiert angesehen werden, so daß die Anwendung auf Cauchy-Folgen nur einen Spezialfall ergibt.

Eine reelle Zahl soll aufgefaßt werden als eine Äquivalenzklasse einer rationalen Cauchy-Folge. Dazu muß zunächst der Begriff der Äquivalenzklasse eingeführt werden. Es sei f eine rationale Cauchy-Folge. Dann soll $[f]_r$ eine Abkürzung sein für: $\{g \mid g$ ist eine rationale Cauchy-Folge und $g \simeq f\}$. Unter der Menge $\mathbb{R}\mathrm{e}$ der reellen Zahlen verstehen wir nun einfach die Menge der Äquivalenzklassen rationaler Cauchy-Folgen, also:

$$\mathbb{R}\mathrm{e} = \{g \mid \vee f (f \text{ ist eine rationale Cauchy-Folge und } g = [f]_r)\} .$$

Da die Kleiner-Relation sowie die Operation der Addition und Multiplikation für Cauchy-Folgen bereits eingeführt worden sind, können diese Begriffe jetzt auch für reelle Zahlen selbst definiert werden. Alle drei Fälle lassen sich auf die Klassenabstraktion zurückführen. Wir schreiben $<_r$, $R+$ und $R\times$ für die Kleiner-Relation zwischen reellen Zahlen bzw. für das Additions- und Multiplikationsattribut:

$$<_r = \{x \mid \vee f \vee g\, (f \text{ und } g \text{ sind rationale Cauchy-Folgen und } f <_c g \text{ und } x = \langle [f]_r, [g]_r \rangle)\};$$

$$R+ = \{x \mid \vee f \vee g \vee h\, (f, g \text{ und } h \text{ sind rationale Cauchy-Folgen und } f + g = h \text{ und } x = \langle [f]_r, [g]_r, [h]_r \rangle)\};$$

$$R\times = \{x \mid \vee f \vee g \vee h\, (f, g \text{ und } h \text{ sind rationale Cauchy-Folgen und } f \cdot g = h \text{ und } x = \langle [f]_r, [g]_r, [h]_r \rangle)\}.$$

Bei dieser Methode der Einführung reeller Zahlen bilden die rationalen Zahlen selbstverständlich *keine* Teilklasse der reellen Zahlen; denn die letzteren bilden ja Äquivalenzklassen von Folgen der ersteren. Man kann aber ohne Mühe jeder rationalen Zahl eine ihr eindeutig entsprechende reelle Zahl nach folgender Vorschrift zuordnen: Eine reelle Zahl r soll einer rationalen Zahl s genau dann entsprechen, wenn die unendliche Folge $\langle s, s, \ldots, s, \ldots \rangle$ ein Element von r ist. Diese den rationalen Zahlen entsprechenden reellen Zahlen werden *rationale reelle Zahlen* genannt. Von diesen lassen sich die üblichen Eigenschaften leicht beweisen, insbesondere daß sie in der Menge der reellen Zahlen dicht liegen.

Der Körper der reellen Zahlen wurde also auf der Basis der rationalen Cauchy-Folgen konstruiert. Von diesem läßt sich auf folgende Weise zeigen, daß er ein beschränkt vollständiger angeordneter Körper ist.

Zunächst kann man das Spiel mit den Cauchy-Folgen auf höherer Ebene wiederholen, indem man jetzt den Begriff der *reellen Cauchy-Folge* einführt. Dazu hat man bloß die obige Definitionen mit den entsprechenden Modifikationen zu kopieren (so z. B. in der Definition der Cauchy-Folge vorauszusetzen, daß f eine *reelle* Folge ist sowie das ε eine beliebige positive *reelle* Zahl ist etc.). Ein zusätzlicher Begriff, den man benötigt, ist der Begriff des Grenzwertes einer Folge reeller Zahlen. Es sei f eine Folge reeller Zahlen. y wird ein *Grenzwert von f* genannt gdw $\{y \in \mathrm{IRe} \wedge \bigwedge \varepsilon \bigvee N [(\varepsilon \in \mathbb{R} \wedge \wedge \varepsilon > 0) \rightarrow (N \in \mathbb{N} \wedge \bigwedge n (n > N \rightarrow |f_n - y| < \varepsilon))]\}$.

Während es möglich ist, Cauchy-Folgen von rationalen Zahlen zu konstruieren, die keine Grenze im Bereich der rationalen Zahlen besitzen, ist das Analoge für Cauchy-Folgen reeller Zahlen im Bereich der reellen Zahlen *nicht* möglich. Denn es gilt der Satz: *Eine Folge f von reellen Zahlen besitzt eine Grenze gdw f eine reelle Cauchy-Folge ist*[28]. Darin drückt sich also die Vollständigkeit des reellen Zahlensystems nach der Konstruktionsmethode von Cauchy aus.

Kehren wir nach dieser Abschweifung wieder zu unserem eigentlichen Problem zurück, nämlich dem Problem der Definierbarkeit metrischer Begriffe, die auch für irrationale Zahlenwerte erklärt sind, in der Beobachtungssprache L_B. Um eine klare Ausgangsbasis für die Diskussion zu besitzen, machen wir die generelle Voraussetzung, *daß der logisch-mathematische Apparat von L_B derart verstärkt worden ist, daß der Begriff der reellen Zahl in der eben skizzierten Weise in L_B eingeführt werden kann.* „$l(x, y) = s$" sei eine Abkürzung für die Aussageform: „die in cm gemessene Länge des Segmentes, welches durch die beiden Punkte x und y bestimmt ist, beträgt s". Es kommt darauf an, diesen zweistelligen Funktor „l" in L_B *vollständig* zu definieren, d. h. ihn sowohl für rationale wie für irrationale nichtnegative Zahlenwerte zu erklären[29]. Drei Fälle sind zu unterscheiden: (1) „$l(x, y) = 100$" soll dasselbe besagen wie daß das vorliegende Segment mit dem Standardmeter kongruent ist, d. h. mit diesem zur Koinzidenz gebracht werden kann. (2) Die Wendung „$l(x, y) = r$" für eine beliebige *rationale Zahl r* ist auf der Basis jener Erwägungen zu bestimmen, die im Anschluß an das Kommensurabilitätsprinzip vorgetragen worden sind. (3) Den eigentlich problematischen Fall bildet „$l(x, y) = s$" für eine irrationale Zahl s. Unter Benützung der Tatsache, daß eine irrationale Zahl stets als Grenzwert einer rationalen reellen Cauchy-Folge konstruierbar ist, kann eine hinreichende sowie notwendige Bedingung im vorliegenden Fall etwa so angegeben werden: „Das durch die Punkte x und y bestimmte Segment enthält eine unendliche Folge von Punkten $x_1, x_2, \ldots, x_n, \ldots$, so daß gilt:

(a) x_1 liegt zwischen x und y und für jedes i liegt x_{i+1} zwischen x_i und y;

(b) für jedes Segment K von rationaler Länge existiert ein n, so daß für alle $i \geqq n$ die durch die Punktpaare (x_i, y) bestimmten Segmente kürzer sind als K;

---

[28] Für den Beweis vgl. Suppes, a. a. O., S. 185.

[29] Vgl. Hempel, [Aspects], S. 201.

(c) die Längen der Segmente, die durch die Punktpaare (x, x_i) bestimmt sind, bilden mit wachsendem i eine rationale Folge[30] mit dem Grenzwert s."

Wie diese Definition zeigt, müssen dafür einige weitere leicht definierbare Begriffe benützt werden. Faßt man die drei Fälle adjunktiv zusammen, so erhält man eine explizite Definition der Wendung „die Länge des durch die Punkte x und y bestimmten Segmentes beträgt r" für beliebige nichtnegative Zahlen r in der Beobachtungssprache. Wollte man diese Definition unter alleiniger Verwendung undefinierter Ausdrücke anschreiben — wobei die Tatsache berücksichtigt werden müßte, daß auch die Definitionen für die vorausgesetzten rationalen Zahlen und die auf sie bezogenen Operationen einzusetzen wären —, so würde ein außerordentlich langer Ausdruck entstehen, in dem es von logischen Zeichen, insbesondere auch von All- und Existenzquantoren, nur so wimmelt. Trotzdem würde es sich unter der gemachten Voraussetzung *um einen Ausdruck der Beobachtungssprache* handeln.

2.c Die vorangehenden Betrachtungen haben im Detail gezeigt, daß in HEMPELS ursprünglicher Argumentation zugunsten des theoretischen Charakters metrischer Begriffe, die auch für nichtrationale Zahlen erklärt sind, ein Fehler stecken muß. HEMPEL selbst hat später diesen Fehler deutlich erkannt und, wie wir soeben feststellten, in [Dilemma] seine Wurzel aufgedeckt. Merkwürdigerweise beruht der Irrtum auf genau derselben Verwechslung, auf die wir im vorangegangenen Abschnitt bei CARNAP gestoßen sind. HEMPELS seinerzeitige Überlegung klingt zunächst äußerst plausibel: „Wegen der Tatsache, daß es für gewisse Größen eine abgeleitete Metrisierung kraft Naturgesetz gibt, die zu irrationalen Zahlwerten führt und die im Konfliktsfall der direkten Messung vorgezogen wird, kann nicht behauptet werden, daß eine solche Größe ihre *volle* Bedeutung durch das Meßverfahren gewinne. Vielmehr wird sie durch dieses empirische Verfahren *nur partiell* gedeutet. Sie muß also als theoretische Größe oder als theoretische Konstruktion aufgefaßt werden."

Bei der Beurteilung dieses Argumentes muß nun die analoge Unterscheidung gemacht werden wie im vorigen Abschnitt. Soll die Frage beantwortet werden: „Kann man für einen vorliegenden metrischen Begriff Φ *endlich viele beobachtungsmäßige* (allgemein: *empirische*) *Kriterien* angeben?" (Frage 1) oder gilt es, die Frage zu beantworten: „Läßt sich der metrische Begriff Φ *in der Beobachtungssprache definieren*?" (Frage 2). Wie die vorangehenden Überlegungen gezeigt haben, impliziert eine negative Antwort auf die erste Frage keineswegs eine negative Antwort auf die zweite. Ob ein quantitativer Begriff auch für irrationale Zahlenwerte definiert ist oder nicht, hängt überhaupt nicht davon ab, mittels welcher Meßverfahren dieser Wert direkt zu bestimmen ist; denn solche Meßverfahren gibt es nicht. Es hängt vielmehr allein davon ab, *welcher logisch-mathematische Appa-*

[30] Darunter ist jetzt natürlich eine Folge rationaler reeller Zahlen im oben definierten Sinn zu verstehen.

rat in der sogenannten Beobachtungssprache zur Verfügung steht. Und da die Forderung nach Beobachtbarkeit ja nur die *deskriptiven* Konstanten der Beobachtungssprache betrifft, kann dieser Apparat, wie wir gesehen haben, stets in der gewünschten Weise verstärkt werden.

Wenn man somit die Definierbarkeit in der Beobachtungssprache als Unterscheidungskriterium wählt, so bricht das obige Argument zugunsten des theoretischen Charakters der metrischen Begriffe zusammen. Nur sofern man Begriffe bereits dann *theoretisch* nennt, wenn *keine beobachtungsmäßigen Kriterien* für ihre Anwendung verfügbar sind, ist dieses Argument akzeptierbar. Ein solches Prädikat „theoretisch" wäre aber wieder aus demselben Grund wie früher uninteressant: der Unterschied zwischen theoretischen und nicht-theoretischen Begriffen würde *quer durch die Beobachtungssprache* verlaufen. Das entscheidende Motiv für die Konzeption theoretischer, nur partiell empirisch deutbarer Begriffe war aber doch der Umstand, *daß die Beobachtungssprache zur Einführung dieser Begriffe nicht ausreicht.* Wir gelangen also zu dem Resultat, *daß nicht die Frage 1, sondern die Frage 2 entscheidend ist* und daß daher HEMPELs ursprüngliches Argument zugunsten des theoretischen Charakters metrischer Begriffe durch die Überlegungen des vorangehenden Unterabschnittes entkräftet ist.

Es gibt hingegen einen anderen Grund dafür, Terme für metrische Begriffe als theoretische Terme zu betrachten, die nicht in die Beobachtungssprache, sondern in eine sie überlagernde theoretische Sprache einzuführen sind, für welche nur eine partielle empirische Deutung existiert. Auch hier läßt sich wieder eine vollkommene Parallele zum Fall der Dispositionsterme herstellen[31]. Abermals geht man daher am besten von einer Kritik der Auffassung BRIGDMANs aus. Danach muß eine Größe als durch die operationalen Verfahren, mittels welcher sie eingeführt wird, *definiert* angesehen werden. Diese Auffassung hat zur Folge, daß bei Vorliegen von n verschiedenen Verfahren zur Einführung eines quantitativen Begriffs Q, etwa 10 verschiedener Verfahren zur Längenmessung, gar nicht mehr von *dem* quantitativen Begriff Q gesprochen werden darf, sondern daß man von n Begriffen $Q_1, \ldots, Q_n$ reden muß, also z. B. von 10 verschiedenen Längenbegriffen. *Daß diese Begriffe untereinander äquivalent (extensionsgleich) sind, bildet keine logische Notwendigkeit, sondern ist eine empirische Tatsache*, genauer: *eine empirisch-hypothetische naturgesetzliche Annahme.* Die Verwendung des bestimmten Artikels müßte praktisch bei allen physikalischen Begriffen verboten werden: Man dürfte weder von *der* Länge noch von *der* Temperatur noch von *der* Masse noch von *der* elektrischen Stromstärke sprechen etc.

In dieser Konsequenz zeigt sich aber, was für einen hohen Preis man bezahlen muß, wenn man sich die Deutung BRIDGMANs zu eigen macht: *Man muß sich vom üblichen wissenschaftlichen Sprachgebrauch vollkommen distan-*

[31] Vgl. dazu auch CARNAP, [Physics], S. 101ff.

zieren und sämtliche wissenschaftlichen Aussagen, in denen derartige metrische Begriffe vorkommen, in höchst komplizierter Weise neu formulieren. Es dürfte nicht sinnvoll sein, diesen Preis wirklich zu bezahlen, falls es eine andere Deutungsmöglichkeit dieser Begriffe gibt, welche wieder die Anwendung des bestimmten Artikels gestattet. Eine solche Deutungsmöglichkeit existiert nun tatsächlich: *Sie besteht darin, diese quantitativen Begriffe als theoretische Konstruktionen zu interpretieren. Nur* auf diese Weise läßt sich die Tatsache, daß vollkommen verschiedene Meßverfahren existieren, mit der Konvention in Einklang bringen, von *ein und derselben Größe* zu sprechen. Man muß dann allerdings den Gedanken fallen lassen, daß operationale Meßverfahren eine Größe auch *definieren.* Nur Empiristen älteren Schlages dürfte es schwer fallen, die Forderung nach expliziter Definierbarkeit quantitativer Begriffe mit Hilfe von Begriffen der Beobachtungssprache preiszugeben.

Auch diesmal darf die Stärke des Argumentes natürlich nicht überschätzt werden. Es handelt sich *nicht* um einen *logischen Nachweis* dafür, daß metrische Begriffe als *theoretische* Begriffe aufgefaßt werden *müssen.* Vielmehr handelt es sich um ein *Zweckmäßigkeitsargument.* Es erscheint als viel zweckmäßiger, eine Quantität als einen Begriff aufzufassen, der *nur partiell empirisch charakterisierbar* ist, wobei zu seinen partiellen empirischen Kennzeichnungen die verschiedenen Meßverfahren gehören, *welche aber seine Bedeutung keineswegs voll ausschöpfen.* Akzeptiert man dieses Zweckmäßigkeitsargument, so ist man nun wirklich berechtigt, von der *Nichtdefinierbarkeit* dieser Begriffe in der Beobachtungssprache zu reden.

Eine solche Deutung läßt sich zusätzlich durch das stützen, was man den *dynamischen Aspekt physikalischer Größen* nennen könnte. Dazu müssen wir uns von dem Bild frei machen, als sei der wissenschaftliche Prozeß zur Stagnation gekommen. Ständig werden ja alte Gesetze modifiziert, Theorien durch neue und besser gestützte ersetzt, ganz neue Naturgesetze entdeckt! Auf Grund dieser Änderungen *werden die bisherigen operationalen Regeln zur Messung von Größen ebenfalls ständig geändert* und, was besonders wichtig ist, *durch neue und neue operationale Regeln ergänzt.* Wollte man so wie BRIDGMAN alle diese Regeln *als Definitionen* auffassen, so müßte man sagen, daß immer wieder neue Größen — für die neue und neue Namen zu erfinden wären — eingeführt werden, deren Äquivalenz mit den bereits bekannten Größen nachträglich festgestellt bzw. hypothetisch angenommen wird.

Demgegenüber erscheint es als viel sinnvoller und zweckmäßiger zu sagen: Bei all diesen quantitativen Begriffen handelt es sich um *theoretische Größen,* welche durch die jeweils verfügbaren empirischen Meßverfahren *nur unvollständig gedeutet werden.* Die Entdeckung neuer und neuer Gesetze führt *nicht* zur Einführung neuer und neuer Größen, sondern *zu einer sukzessiven empirischen Bedeutungsverschärfung* dieser Begriffe, ohne jemals deren unvollständige Deutung ganz zu überwinden und die Begriffe zu *empirisch definierbaren* Begriffen zu machen. Die Bedeutungsverschärfung liegt darin, daß zu den bereits bekannten partiellen empirischen Deutungen jeweils neue hinzutreten. Daß es sich bei der *unvollständigen* Interpretation um eine *prinzipielle* und unaufhebbare Situation handelt, beruht auf der Unabgeschlossenheit der wissenschaftlichen Entwicklung, vor allem auf zwei Momenten: erstens darauf, daß *immer wieder neue Gesetze entdeckt* werden und daß wir zu keinem Zeitpunkt behaupten können, wir hätten alle Gesetze gefunden; zweitens darauf, daß alle akzeptierten Gesetze *hypothetische Annahmen* sind und bleiben und daß wir daher stets dessen gewärtig zu sein haben, diese Gesetzeshypothesen auf Grund neuer Befunde entweder modifizieren oder sogar ganz preisgeben zu müssen.

3. Definitionen durch Grenzoperationen, gedankliche Idealisierungen und prinzipiell unbeobachtbare Objekte

3.a Im Abschnitt über abgeleitete Metrisierung sind nicht sämtliche technische Verfahren zur Einführung abgeleiteter Größen angeführt worden. Eine bestimmte Methode, welche zugunsten einer Deutung solcher Größen als theoretischer Begriffe spricht, verdient an dieser Stelle Beachtung. Der Sachverhalt sei am Beispiel des Geschwindigkeitsbegriffs erläutert. Wir setzen voraus, daß die Begriffe der Länge und der Zeit bereits eingeführt worden sind. Ein Körper bewege sich von einem Ort zum anderen und lege dabei eine Strecke zurück, die wir mit Δs bezeichnen. Das Zeitintervall, das für die Zurücklegung dieses Weges benötigt wird, werde Δt genannt. Die *Geschwindigkeit v* des Körpers während dieses Zeitintervalls sei definiert durch $v =_{\mathrm{Df}} \frac{\Delta s}{\Delta t}$. Da die Größe v durch Definition eingeführt wurde, handelt es sich um eine *abgeleitete Größe*.

Nun entsteht die folgende Schwierigkeit: Die Geschwindigkeit unseres Körpers braucht während der Zeit Δt nicht konstant zu sein. Sollte sie tatsächlich *nicht* konstant sein, so darf der Wert $\frac{\Delta s}{\Delta t}$ nur als die *Durchschnittsgeschwindigkeit* oder als die *mittlere Geschwindigkeit* des Körpers während des Intervalls bezeichnet werden. *Der Begriff der Geschwindigkeit dieses Körpers zu einem Zeitpunkt ist überhaupt noch nicht eingeführt.* Der Physiker möchte aber auch über diesen Begriff verfügen. Wie soll er ihn einführen? Offenbar würde es *nicht* genügen, die betrachtete Wegstrecke bzw. das betrachtete Zeitintervall *sehr klein* zu wählen. Denn wie klein auch immer das Zeitintervall gewählt sein mag, innerhalb dieses Intervalls könnte sich die Geschwindigkeit ja doch wieder ändern.

Hier bleibt keine andere Wahl, als auf die Hilfsmittel der Analysis zurückzugreifen: Die *Augenblicksgeschwindigkeit* des Körpers zu einem Zeit*punkt* t_0 kann aus dem eben angegebenen Grund nicht als Quotient $\frac{\Delta s}{\Delta t}$

angeschrieben werden, sondern ist als *Differentialquotient* zu konstruieren, nämlich als Grenzwert einer Quotientenfolge von der angegebenen Art für den Zeitpunkt t_0:

$$v\Big|_{t_0} = \frac{ds}{dt}\Big|_{t_0} = \lim \frac{\Delta s}{\Delta t} \text{ für } \Delta t \to 0 \text{ an der Stelle } t_0.$$

Damit diese Definition einen Sinn ergibt, muß der fragliche Grenzwert: $\frac{ds}{dt}\Big|_{t_0}$ existieren. Dafür muß der vom Körper zurückgelegte Weg *s als eine differenzierbare Funktion s(t) der Zeit*, auch Bewegungsfunktion genannt, gedeutet werden. Bei dieser Definition wird vom Kontinuum der reellen Zahlen und von reellen Funktionen Gebrauch gemacht. Es möge auch beachtet werden, daß die so eingeführte Geschwindigkeitsfunktion unter den Stetigkeitsbegriff fällt, da eine (einstellige) differenzierbare Funktion immer auch stetig ist.

Die folgende Feststellung ist von wissenschaftstheoretischer Bedeutung: *Die so definierte Augenblicksgeschwindigkeit ist keine Größe, die durch empirische Verfahren gemessen werden könnte.* Wie sehr ich nämlich auch die Meßtechnik verfeinere, ich kann immer nur untersuchen, welche Wegstrecke ein Objekt während eines bestimmten *Zeitintervalls* zurücklegt; in der Sprechweise der Analysis: ich kann immer nur den Wert eines Differenzenquotienten, aber niemals den Wert eines Differentialquotienten *empirisch* ermitteln. Zeitintervall und Weglänge können zwar mit zunehmender Verfeinerung der Meßtechnik außerordentlich klein werden; sie können jedoch prinzipiell nie auf einen Punkt zusammenschrumpfen.

Damit aber haben wir bereits die Einsicht gewonnen, daß der Begriff der Augenblicksgeschwindigkeit *eine theoretische Idealisierung* darstellt. Aus diesem Grund erscheint es als zweckmäßig, ihn als *eine nur partiell empirisch gedeutete theoretische Konstruktion* aufzufassen.

Von einer bloß zweckmäßigen Interpretation und nicht von einem zwingenden Beweis sprechen wir deshalb, weil einem Beweisanspruch dasselbe Argument entgegenhalten werden könnte, wie in den beiden letzten Abschnitten: Die eben angestellten Überlegungen zeigen ja nur, daß für den Begriff der Augenblicksgeschwindigkeit *keine beobachtbaren Kriterien* angegeben werden können, nicht jedoch, daß dieser Begriff in der Beobachtungssprache *nicht definierbar* ist. Ob eine solche Definitionsmöglichkeit besteht, hängt allein von der logisch-mathematischen Apparatur ab, welche man in das formale Gerüst der Beobachtungssprache hineinzustecken bereit ist. Falls diese Apparatur stark genug ist, um die Theorie der reellen Zahlen und der reellen Funktionen zu entwickeln, so steht der Definition in der Beobachtungssprache nichts entgegen. Vielmehr ist es der Aspekt der begrifflichen *Idealisierung*, der zugunsten der Deutung als einer theoretischen Größe spricht.

Das geschilderte Verfahren ist iterierbar. Dies zeigt sich z. B. am Begriff der *Beschleunigung*. Verstehen wir unter Δv analog zur obigen Symbolik die Geschwindigkeits*änderung* während des Zeitintervalls Δt, so kann $\frac{\Delta v}{\Delta t}$ als ein *Maß für die Geschwindigkeitsänderung* oder *Beschleunigung* während dieses Zeitintervalls genommen werden. Nun wiederholt sich aber dasselbe Spiel wie vorhin: Da sich die Geschwindigkeitsänderung selbst verändern kann, wie klein auch immer das betrachtete Zeitintervall gewählt wird, darf dieser Wert wieder nur als die *mittlere* Beschleunigung während des Zeitintervalls Δt gedeutet werden. Die *Augenblicksbeschleunigung* zu einem Zeitpunkt t_0 ist dagegen wieder durch einen Differentialquotienten, diesmal durch: $b\Big|_{t_0} = \frac{dv}{dt}\Big|_{t_0} = \lim \frac{\Delta v}{\Delta t}$ für $\Delta t \to 0$ an der Stelle t_0, zu konstruieren. Das Argument, welches dafür spricht, diese Idealisierung als theoretische Konstruktion zu betrachten, ist vollkommen parallel zum obigen; dasselbe gilt von der „Vorsichtsklausel“, welche uns davor warnt, das Fehlen beobachtbarer Kriterien fälschlich als Undefinierbarkeit innerhalb einer Beobachtungssprache zu interpretieren.

3.b Mit dem Stichwort „begriffliche Idealisierung“ ist der Hinweis auf eine Fülle von Begriffsbildungen gegeben, in denen zweifellos die konstruktive Komponente überwiegt. Während es bei solchen Begriffen, wie denen der Geschwindigkeit und der Beschleunigung, als physikalisch sinnvoll erscheint, Objekten eine derartige Größe zu einem Zeitpunkt zuzuschreiben — mit eventuellen Einschränkungen, die nicht die physikalische Begriffsbildung selbst, sondern die dabei verwendete Kontinuumsmathematik betreffen —, gibt es andere Fälle, in denen der Forscher weiß, daß es sich *nur* um begriffliche Konstruktionen handelt, die es ihm allein ermöglichen sollen, Gedankenmodelle zu schaffen, welche im besten Fall innerhalb bestimmter Bereiche der Realität approximativ erfüllt sind. Diese Begriffsformen reichen vom physikalischen Begriff des *Massenpunktes* über solche Begriffe wie den der *reibungslosen Flüssigkeit* bis zu den Begriffen der *vollkommen freien Marktwirtschaft* oder der *total zentral geleiteten Wirtschaft.*

Diese schärfere Form der Idealisierung gilt auch in gewissen Fällen, in denen analog zu den Beispielen der Augenblicksgeschwindigkeit oder der Augenblicksbeschleunigung eine Grenzwertbetrachtung angestellt wird. Angenommen etwa, es solle für einen Körper dessen Dichte bestimmt werden. Wenn man dazu den Quotienten der Masse durch das Volumen bildet, so erhält man nur die *durchschnittliche* oder die sog. *mittlere Dichte* des Körpers. Wenn der Körper nicht homogen ist, wäre es natürlich fehlerhaft, zu behaupten, daß dieser Wert die Dichte für alle Teile des Körpers angibt. Es nützt aber nichts, diese Dichte nur für einzelne, möglichst kleine Teile des Körpers anzugeben. Denn wie klein diese Teile auch sein mögen, sie brauchen doch wieder nicht homogen zu sein. Es scheint also ebenso wie im Fall der

Geschwindigkeit und der Beschleunigung angemessen zu sein, *die Dichte für die einzelnen Punkte des Körpers* als den Grenzwert einer Quotientenfolge von der geschilderten Art zu bestimmen.

Hier tritt aber ein entscheidender Unterschied zutage. Der Physiker weiß diesmal, daß ein solcher Gebrauch des Begriffs der Dichte fiktiv ist. Denn während man — heute noch zumindest — Raum und Zeit als stetig ansieht, gilt dies sicher nicht für die Massenverteilung; denn diese ist wegen des atomaren Aufbaus der Materie diskret. Hier handelt es sich also darum, *daß man*, um der Vorteile der Kontinuumsmathematik teilhaftig zu werden, *bewußt eine Fiktion in Kauf nimmt.* Wenn ein Naturforscher also sagt, daß die Dichte eines physischen Objektes an einer bestimmten Stelle die Ableitung der Masse nach dem Volumen an dieser Stelle sei, so ist dies nur als eine approximative façon de parler zu werten. Und dem Forscher ist es natürlich bewußt, daß seine Aussage so zu werten ist. Die Situation in den beiden anderen Fällen wäre erst dann zu diesem Fall analog, wenn die Definitionen der Augenblicksgeschwindigkeit sowie der Augenblicksbeschleunigung beibehalten würden, obwohl sich die Auffassung durchgesetzt hätte, daß Raum und Zeit nicht stetig sind, sondern jene diskrete Struktur besitzen, die in Kap. I kurz geschildert wurde.

3.c In der Mikrophysik wird ständig von Entitäten gesprochen, *die sich jeder Beobachtung entziehen.* Bestenfalls sind von derartigen Entitäten unter gewissen künstlich geschaffenen Ausnahmesituationen sog. Spuren zu beobachten; häufig nicht einmal dies. Unter Bezugnahme auf die Schwierigkeiten bei der Einführung von Dispositionsprädikaten und metrischen Begriffen liegt ein a fortiori-Argument nahe: „Wenn es bereits fast als zwingend erscheint, Dispositionen und Quantitäten als theoretische Begriffe einzuführen, so ist man a fortiori genötigt, solche Begriffe wie den des Elektrons oder des Photons als theoretische Begriffe einzuführen." Noch stärker als dort tritt hier der *theoretische Kontext* in den Vordergrund: Während die empirische Bedeutung der metrischen Begriffe und der Disposition durch die bekannten operationalen Verfahren nur partiell bestimmt wird, können bei subatomaren Objekten und Prozessen überhaupt keine derartigen Verfahren angegeben werden. Diese Begriffe erhalten eine empirische Interpretation nur durch ihren theoretischen Zusammenhang mit *anderen* partiell deutbaren Begriffen. Im übrigen ist ihre Bedeutung durch den theoretischen Kontext bestimmt, in dem sie vorkommen.

Diese für sich nicht ganz verständliche Aussage soll im folgenden Abschnitt näher verdeutlicht werden, und zwar durch die Schilderung, Analyse und Kommentierung einer Auseinandersetzung zwischen H. Reichenbach und E. Nagel, welche entscheidend dazu beigetragen hat, die früheren Vorstellungen von einer empiristischen Wissenschaftssprache preiszugeben.

4. Nagels Kritik an Reichenbachs philosophischer Grundlegung der Quantenmechanik und die Diskussion über die Natur mikrophysikalischer Objekte

Wir beginnen mit einer knappen Schilderung der philosophisch relevanten Teile von REICHENBACHs Buch [Quantenmechanik]. Aus Präzisionsgründen ist es erforderlich, bisweilen eine von der Reichenbachschen Formulierung etwas abweichende Darstellung zu wählen und auch Ergänzungen einzufügen. An einigen Stellen sollen bereits bei dieser Schilderung kritische Anmerkungen eingefügt werden. Damit im Leser an keiner Stelle ein Mißverständnis darüber auftreten kann, ob es sich noch um eine Schilderung bzw. bereits um eine Kritik handle bzw. ob die Kritik bereits beendet worden sei, soll zu Beginn und am Ende der in die Schilderung eingeschobenen kritischen Anmerkungen das Symbol „*" eingefügt werden.

REICHENBACH geht von der Feststellung aus, daß in der klassischen Physik das folgende *Mißverhältnis zwischen Theorie und Praxis* besteht: Nach der Theorie gelten strenge Kausalgesetze, die es gestatten, für abgeschlossene Systeme aus der Kenntnis der Beschaffenheit von Zuständen eines physikalischen Systems die Beschaffenheit der Zustände zu einem späteren Zeitpunkt logisch zu erschließen. (Beispiel: Der Zustand einer Elementarpartikel zur Zeit t ist in der klassischen Mechanik durch die als gleichzeitig meßbar vorausgesetzten Größen Lage und Impuls zu t, also durch 2 bzw. 6 Augenblickskoordinaten, scharf definiert. Die Gesetze der Mechanik legen den Zustand der Partikel für jeden späteren Zeitpunkt *eindeutig* fest. In diesem Sinn ist die Theorie *deterministisch*.) Der hierbei verwendete Zustandsbegriff beruht auf einer *theoretischen Idealisierung*. Um die Gesetze der Theorie *anwendbar* zu machen, müssen sie, damit sie empirisch gehaltvoll bleiben, in Aussagen über Beziehungen zwischen *beobachtbaren* Größen übersetzbar sein. Kennt man aber den durch *tatsächliche* Beobachtungen bestimmten Zustand eines Systems zu einem Zeitpunkt, so ist *der beobachtbare Zustand* des Systems zu einem späteren Zeitpunkt *nur mit einem bestimmten hohen Grad an Wahrscheinlichkeit* bestimmt. (Beispiel: Wenn man die Neigung eines Gewehrlaufes kennt, ferner die benützte Pulverladung sowie das Gewicht der Kugel, so kann man den Einschlagspunkt *mit einer gewissen Wahrscheinlichkeit* voraussagen.) Ein *beobachtbarer* Anfangszustand A ist mit einem späteren *beobachtbaren* Zustand also nur durch eine *Wahrscheinlichkeitsimplikation* verknüpft. Nach der klassischen Auffassung liegen jedoch den beiden beobachtbaren Zuständen A und B *ideale theoretische Zustände* zugrunde, zwischen denen keine bloße Wahrscheinlichkeitsimplikation, sondern *eine streng deterministische Kausalimplikation* besteht. *Diese Diskrepanz zwischen Theorie und Erfahrung* wird nach klassischer Auffassung durch die folgende Annahme behoben: Der Grad der Wahrscheinlichkeit, mit dem ein *beobachtbarer* Zustand auf einen anderen *beobachtbaren* Zustand folgt, kann dem Wert 1 beliebig angenähert werden, indem wir (a) die Meßtechnik hinreichend verbessern und (b) eine genügende Anzahl weiterer Koordinaten oder Parameter für die Charakterisierung physikalischer Zustände einführen. (Im zweiten Beispiel: (a) die Techniken zur Bestimmung des Neigungswinkels, des Gewichtes usw. werden verfeinert; (b) außer den erwähnten 3 Parametern, nämlich der Neigung des Gewehrlaufes, der Pulverladung und dem Gewicht der Kugel werden weitere Parameter in Betracht gezogen: Luftwiderstand, die Umdrehung der Erde etc.) Tatsächlich führt REICHENBACH hier und später nur die in (b) erwähnte Verbesserung der Analyse von Phänomenen an.

Diese Annahme beinhaltet nach REICHENBACH gerade *den empirischen Gehalt des physikalischen Kausalitätsprinzips der klassischen Theorie:* „Die Behauptung, daß die Natur durch strenge Kausalgesetze regiert werde, heißt, daß wir die Zukunft mit einer bestimmten Wahrscheinlichkeit voraussagen und diese Wahrscheinlichkeit der Gewißheit beliebig annähern können, wenn wir die betrachteten Erscheinungen hinreichend genau analysieren."[32] Aus dieser Formulierung gehe auch klar hervor, daß es sich hierbei nicht um ein aprioristisches Prinzip, sondern um eine *empirische Hypothese* handle. Denn bereits vor der Aufstellung der quantenphysikalischen Hypothesen bestand *die logische Möglichkeit einer Grenze der Voraussagbarkeit*, d. h. die logische Möglichkeit, daß die Wahrscheinlichkeit von Prognosen durch noch so große Verbesserungen der Meßtechnik und durch Einführung von noch so vielen Parametern *nicht* der Gewißheit beliebig nahegebracht werden kann. Die Annahme des Kausalprinzips beinhaltet die Leugnung dieser theoretischen Möglichkeit. Daß wir keine absolut präzisen Voraussagen machen können, beruht jedenfalls nach der klassischen Vorstellung nicht auf einer Eigentümlichkeit der Natur, sondern allein auf der *menschlichen Unfähigkeit*, absolut genaue Messungen vorzunehmen und alle relevanten Parameter zu berücksichtigen. Die menschliche Unzulänglichkeit wird nach dieser hypothetischen Annahme im Verlauf der Entwicklung verbesserter Beobachtungsverfahren und Meßtechniken sowie der Entdeckung neuer gesetzmäßiger Zusammenhänge zwischen den Phänomenen sukzessive verringert.

Mit dieser Form des Kausalprinzips ist die Quantenmechanik unverträglich. Alle Daten, welche für die letztere sprechen, erschüttern die klassische Kausalitätsvorstellung. Für die Rechtfertigung dieser These legt REICHENBACH die auch heute noch übliche Standardinterpretation der Heisenbergschen Unschärferelation, von ihm auch als „*Querschnittsgesetz*" bezeichnet, zugrunde. (Diese Standardinterpretation ist zwar unhaltbar[33]. Doch soll dieser

---

[32] H. REICHENBACH, [Quantenmechanik], S. 13.

[33] Der Nachweis dafür stammt von P. SUPPES, [Quantum Mechanics]. Für eine kurze Schilderung der Argumente von SUPPES vgl. den Anhang sowie W. STEGMÜLLER, [Erklärung und Begründung], Kap. VII, 9. j.

Punkt hier nicht zur Diskussion gestellt werden, da auch E. NAGEL in seiner Kritik an REICHENBACH diese Standarddeutung unberührt läßt.) Während nach der klassischen Auffassung die gleichzeitigen Werte unabhängiger Parameter stets beliebig genau gemessen werden können, ist dies nach der Quantentheorie ausgeschlossen. Das quantenphysikalische Querschnittsgesetz hat die Form einer Aussage über Meßbarkeitsbegrenzung. Es wird darin eine solche Abhängigkeit zwischen sogenannten konjugierten Parametern (wie z. B. Ort und Impuls eines Teilchens) behauptet, daß die beliebig genaue Messung der simultanen Werte dieser Parameter nicht möglich ist. So z. B. kann die auf Ort und Impuls bezogene Unschärferelation intuitiv so wiedergegeben werden: Je genauer der Ort eines Teilchens bestimmt ist, desto unschärfer ist der Impuls bestimmt und umgekehrt. Generell kann man für ein physikalisches System nur die Hälfte der Parameter genau bestimmen; die übrigen Parameter bleiben dann in ihrem Wert unbestimmt; oder allgemeiner ausgedrückt: je genauer die Bestimmung der einen Hälfte, desto ungenauer die Bestimmung der anderen.

Sind die Werte unabhängiger Parameter nur ungenau bekannt, so können keine strengen Zukunftsvoraussagen mehr gemacht werden. *Und der Gedanke, daß „hinter" den uns zur Verfügung stehenden statistischen Gesetzen Kausalgesetze stehen, ist* — natürlich unter der Voraussetzung der Gültigkeit dieser Theorie — *eine prinzipiell unüberprüfbare und damit vom empiristischen Standpunkt aus leere und sinnlose Behauptung.*

Im folgenden geht es REICHENBACH darum, in der Weise eine Interpretation für die in einem mathematischen Formalismus aufgebaute Quantenmechanik zu liefern, daß er ein geeignetes subatomares „Modell" konstruiert, welches die Axiome der Quantentheorie erfüllt. Zu diesem Zweck führt er einige begriffliche Differenzierungen ein, die ihm als wissenschaftstheoretisch wichtig erscheinen.

Die erste Unterscheidung betrifft die *Beschreibung unbeobachteter Gegenstände* (a. a. O. S. 29ff.). REICHENBACH unterscheidet zwischen Beschreibungssystemen, welche *normal* sind, und Beschreibungssystemen, die *nicht normal* sind. Den Ausgangspunkt bildet die Feststellung, daß es nicht nur eine einzige zulässige oder „wahre" Beschreibung unbeobachteter Objekte gibt, sondern daß stets eine unbegrenzte Klasse zulässiger Beschreibungen existiert. Dabei wird jede konsistente Beschreibung *zulässig* genannt, jede inkonsistente *unzulässig*. Zunächst wird ein Begriff der *Normalbeschreibung im scharfen Sinn* eingeführt. Sie liegt vor, wenn die folgenden zwei Bedingungen erfüllt sind: (1) für die nicht beobachteten Objekte werden dieselben Naturgesetze als gültig vorausgesetzt wie für die beobachteten; (2) die Zustände und Beschaffenheiten der Objekte sind dieselben, ob die Objekte beobachtet werden oder nicht. Da nach quantenphysikalischer Auffassung die subatomaren Objekte durch die Beobachtung in unvorhersehbarer Weise gestört werden, ist die Bedingung (2) dort niemals erfüllt. REICHEN-

BACH beschränkt sich daher für seine Diskussionen auf eine *Normalbeschreibung im schwachen Sinn*, für die lediglich das Prinzip (1) als gültig vorausgesetzt wird. Der Begriff „beobachtbar", der für diese begriffliche Differenzierung benützt wird, ist dabei nicht in einem zu engen philosophischen Sinn zu nehmen, sondern in dem vom Experimentalphysiker verwendeten weiteren Sinn, wonach man auch von der Beobachtbarkeit von Dingen und Ereignissen sprechen kann, die man mit den Sinnesorganen, evtl. unter Heranziehung einfacher Meßgeräte, wahrzunehmen imstande ist. Um den Begriff „unbeobachtet" der subjektiven Willkür zu entziehen, soll darunter *nicht verstanden* werden, daß nur *ich* das Objekt nicht beobachte, sondern daß es *von niemandem* beobachtet wird.

REICHENBACHS erste wissenschaftstheoretische These läßt sich so formulieren: *Die zulässigen Beschreibungen unbeobachteter Objekte brauchen keine Normalbeschreibungen im schwachen Sinn*[34] *zu sein.* Aber wenn uns eine unbegrenzte Klasse von zulässigen Beschreibungen gegeben ist, welche eine Normalbeschreibung enthält, *so können wir beschließen, nur das Normalsystem für die Beschreibung zu wählen.* Dies hat den Vorteil, daß wir keine neuartigen Gesetzesannahmen einzuführen brauchen. REICHENBACH bringt das folgende Beispiel: Ich betrachte einen Baum — und zwar sei ich der einzige, der den Baum sieht — und drehe mich um, so daß ich ihn nicht mehr sehe. Woher weiß ich, daß der Baum nicht verschwunden ist? Der Hinweis darauf, daß ich mich ja umwenden und damit *verifizieren* kann, der Baum sei nicht verschwunden, wäre nach REICHENBACH falsch. Denn auf diese Weise kann ich stets nur verifizieren, *daß der Baum immer da ist, wenn er betrachtet wird.* Dies ist widerspruchslos mit der Annahme vereinbar, *daß er immer verschwindet, wenn er nicht betrachtet wird.* Eine Beschreibung, welche der Wahrnehmung die Kraft zuschreibt, den Baum zu reproduzieren, ist eine zulässige Beschreibung. Auch die Annahme, daß der Baum sich stets in zwei Bäume spaltet, wenn er nicht beobachtet wird, ist zulässig. Falls man den Schatten, welchen der Baum wirft, weiterhin als *einen* Schatten beobachtet, so daß man aus dieser Wirkung auf die Existenz *eines* Baumes schließen zu können glaubt, so wird die Sache komplizierter. Wenn man nämlich annehmen wollte, der nicht beobachtete Baum hätte sich in zwei Bäume gespalten, und außerdem an den bisher akzeptierten physikalischen Gesetzen festhalten möchte, so gelangt man zu einer *unzulässigen*, weil *inkonsistenten* Beschreibung: Mit den akzeptierten Gesetzen der Optik ist die Annahme nicht verträglich, daß zwei verschiedene Bäume genau denselben Schatten werfen wie ein Baum. Man kann eine zulässige Beschreibung unter Beibehaltung der ersten Annahme daher lediglich durch *Änderung der Gesetze der Optik* erreichen. Dieses Beispiel, wonach der nicht beobachtete Baum sich in zwei Bäume zerspaltet und die Gesetze der Optik sich bei Nichtbeobachtung in

[34] Das „im schwachen Sinn" lassen wir im folgenden fort, da wir uns ausschließlich auf solche Normalsysteme beziehen.

geeigneter Weise ändern (so daß die zwei Bäume denselben Schatten werfen wie ein Baum), liefert eine ebenso anschauliche wie drastische Illustration für ein *zulässiges* Beschreibungssystem, das *nicht normal* ist. Alle zur Klasse der zulässigen Beschreibungen gehörenden Systeme sind logisch gleichwertig. Der Übergang von der normalen zu einer nicht normalen zulässigen Beschreibung ist lediglich *der Übergang zu einer anderen Sprache* (vgl. a. a. O. 31).

* Es genügt, an dieser Stelle einige kritische Andeutungen zu machen. Bereits bei der ersten begrifflichen Unterscheidung zeigt sich im Denken REICHENBACHs eine ganz merkwürdige Verquickung zwischen den *radikalen Ansichten*, die *in der Frühphase des modernen Empirismus* (z. B. im Wiener Kreis) von dessen Verfechtern vertreten worden sind, und einer *naiv-realistischen Betrachtungsweise*. Zum ersten gehört die stillschweigende Annahme, *daß nur das tatsächlich Beobachtete als real existierend angesehen werden dürfe*, sowie die explizite Feststellung, *daß verschiedene Aussagesysteme, die in bezug auf dieses tatsächlich Beobachtete in ihrem Aussagegehalt übereinstimmen, nur verschiedene Sprechweisen darstellen.* Die „naiv-realistische" Konzeption kommt *in der Art der Fragestellung* zum Ausdruck: Bevor man die Frage diskutiert, ob der nicht beobachtete Baum weiter existiere oder verschwunden sei oder sich in zwei Bäume gespalten habe etc. (m. a. W.: welche der Behauptungen „der nicht beobachtete Baum existiert als *ein* Baum weiter", „der nicht beobachtete Baum hat sich in *zwei* Bäume gespalten" etc. *wahr* sei), müßte zunächst eine *Sinnfrage* geklärt sein, nämlich die Frage: „*Was ist der Sinn eines Satzes, in dem die Existenz nicht beobachteter Objekte behauptet wird?*"[35]

Anmerkung. Der Ausdruck „naiver Realismus" wurde hier nur größerer Anschaulichkeit halber gewählt. Im übrigen gehört diese Bezeichnung zum *philosophischen Slang.* Es wird damit gewöhnlich nichts scharf Umrissenes gemeint. Worauf es ankommt, dürfte in den folgenden Ausführungen deutlicher werden. Trotzdem sei bereits an dieser Stelle eine kurze Zwischenbetrachtung über diesen Begriff sowie über eine mutmaßliche kritische Gegenreaktion eines Verfechters der Reichenbachschen Auffassung eingeschoben. Diese Zwischenbetrachtung wird es gestatten, den Einwand gegen REICHENBACH zu präzisieren.

Wir müssen dabei natürlich von vornherein darauf verzichten, an traditionelle Charakterisierungen des naiven Realismus anzuknüpfen, etwa von der Art, daß danach „die bewußtseinsunabhängige Realität" identisch sei mit der „sinnlich wahrgenommenen Realität". Solche Charakterisierungen sind von irreparabel undeutlichen Ausdrücken durchsetzt.

Zweckmäßigerweise gehen wir stattdessen von einer naheliegenden möglichen Verteidigung der Reichenbachschen Auffassung aus. Man könnte entgegnen: „Wer annimmt, daß der nichtbeobachtete Baum sich jedes Mal beim Umdrehen in

[35] Man könnte dies *die Fundamentalfrage der Berkeleyschen Philosophie* nennen; denn es war genau diese Frage, deren Beantwortung BERKELEY in seiner Theorie der materiellen Welt in ebenso einfacher wie neuartiger und origineller Weise zu beantworten versuchte. Für eine genauere kritische Erörterung von REICHENBACHs Auffassung vom Standpunkt des modernen Phänomenalismus vgl. W. STEGMÜLLER, [Phänomenalismus], Abschn. 1.

zwei Bäume spaltet (wobei sich außerdem die Gesetze der Optik ändern), und diese Annahme als zulässige Beschreibung akzeptiert, der ist doch kein naiver Realist!" Wenn damit gesagt werden soll, daß eine derartige Auffassung mit dem naiven Realismus unverträglich sei, so könnte man dies akzeptieren. Nur würde dies nicht den Effekt einer erfolgreichen Verteidigung von REICHENBACHs Position haben, sondern zu einer *Brutalisierung* der obigen Feststellung führen: Statt von einer „merkwürdigen Verquickung" zweier Ansichten zu sprechen, müßte der Vorwurf erhoben werden, daß *eine logische Unverträglichkeit* zwischen zwei Komponenten von REICHENBACHs Position vorliegt. Die eine besteht in dem geschilderten, *radikal konventionalistischen Standpunkt*, welcher die Gleichwertigkeit der konsistenten Beschreibungen unbeobachteter Phänomene betrifft. Die andere liegt in der Überzeugung, daß man in bezug auf Aussagen über Unbeobachtetes *keine Sinnfragen* zu stellen braucht. Diese zweite Überzeugung teilt REICHENBACH mit dem naiven Realismus. Nur wer unsere obige These akzeptiert, daß zunächst die Sinnfrage beantwortet sein muß, kann erkennen, daß es sich um einen *gemeinsamen* Einwand gegen REICHENBACH und gegen den naiven Realismus handelt. Man könnte die hier vertretene Position auch auf die Kurzformel bringen: Der naive Realist leugnet, daß er eine Sinnfrage klären müsse, bevor er über Unbeobachtetes zu sprechen beginnt. REICHENBACH aber hätte die Notwendigkeit für diese Sinnfrage erkennen müssen. Daß er sie implizit ebenfalls leugnet, ist ein Symptom dafür, daß er *in dieser Hinsicht* denselben Standpunkt einnimmt wie der naive Realist.

Um auf die behauptete logische Unverträglichkeit zu stoßen, muß man den Grund dafür aufzudecken versuchen, daß der naive Realist glaubt, der erwähnten Sinnfrage enthoben zu sein. Hier ist eine etwas subtilere Differenzierung zu machen. Wir unterscheiden zwischen dem, was *der naive Realist selbst* auf Befragung hin (mutmaßlich) sagt, und dem, was ein Philosoph sagt, der die Position des naiven Realisten analysiert. Den letzteren nennen wir einen *Metatheoretiker des naiven Realismus.* Der naive Realist wird leugnen, sich überhaupt auf eine feste *Theorie* über die Beschaffenheiten und das Verhalten von Objekten festzulegen. „Ein Baum ist ein Baum und ein Haus ist ein Haus", wird er sagen, „ganz gleichgültig, was für Annahmen die Leute über Bäume und Häuser aufstellen oder wieder fallen lassen." Der Metatheoretiker des naiven Realismus wird mit Recht diese Ansicht bestreiten und darauf hinweisen, daß der naive Realist stillschweigend und unbewußt gewisse theoretische Annahmen über die Eigenschaften und Tätigkeiten dieser Objekte macht. Es sind diejenigen Annahmen, welche man kurz als *die alltäglichen Überzeugungen* über diese Dinge zusammenfassen kann. Zu diesen Annahmen aber gehört ohne Zweifel der Glaube, daß die nicht beobachteten Gegenstände *dieselben Beschaffenheiten* haben wie die beobachteten, ferner *dieselben Tätigkeiten* vollziehen und genau *denselben Gesetzen* unterliegen.

Falls man den Verzicht auf die Sinnfrage *nur* in dieser Weise begründen kann, so ist die logische Unverträglichkeit in den Auffassungen REICHENBACHs ans Tageslicht gefördert. Da nämlich die Frage nach dem Sinn einer Aussage über den nicht beobachteten Baum nur deshalb hinfällig wird, weil vorausgesetzt werden kann, daß dieser Baum dieselben Eigenschaften hat und denselben Gesetzen unterliegt wie der beobachtete Baum, kann nicht in konsistenter Weise eine Aussage, wonach sich der Baum gespalten hat, und zugleich die Gesetze der Optik geändert wurden, als zulässige Beschreibung anerkannt werden.

Wir sind oben im Text vorsichtiger gewesen und haben gegen REICHENBACH nicht direkt den Vorwurf erhoben, Unverträgliches zu akzeptieren; denn REICHENBACH läßt uns darüber im Unklaren, warum er der Beantwortung der Sinnfrage enthoben zu sein glaubt. Sollte sein Motiv ein anderes gewesen sein, so würde sich seine Position mit der des naiven Realisten noch immer in bezug auf den genannten Verzicht decken. War sein Motiv (bewußt oder unbewußt) dasselbe, so wäre gegen ihn sogar ein *doppelter* Einwand zu erheben: daß er erstens einen naiven Realismus akzeptiert und daß er zweitens weitere Annahmen macht, die mit diesem Realismus unverträglich sind.

Ein wesentlicher Aspekt des naiven Realismus, den REICHENBACH mit diesem ebenfalls teilt, ist hier noch nicht ausdrücklich zur Sprache gekommen. Er kam allerdings in der obigen Äußerung „Ein Baum ist ein Baum, gleichgültig, was für Hypothesen darüber aufgestellt werden" implizit zur Geltung. Es ist *der Glaube an die Theorienunabhängigkeit (Hypothesenunabhängigkeit) der durch deskriptive Ausdrücke bezeichneten Begriffe.* Dieser Glaube mag zum Teil seine Wurzeln darin haben, daß nicht der naive Realist selbst, sondern nur sein Metatheoretiker sich überhaupt dessen bewußt ist, daß bestimmte hypothetische Annahmen benützt werden. Ein solcher Glaube ist bereits in Anwendung auf alltägliche makroskopische Objekte außerordentlich problematisch. In Anwendung auf subatomare Entitäten ist er, wie die folgenden Betrachtungen zeigen werden, *schlechthin unhaltbar.*

Gegen die Behauptung, daß verschiedene zulässige Beschreibungen — auch solche, in denen Anomalien von der geschilderten Art auftreten — nur verschiedene Sprechweisen darstellen, ließe sich der folgende Einwand versuchen. Angenommen, zu einem Zeitpunkt, da weder ich noch sonst jemand den Baum betrachtet, sage ich: „Falls ich mich jetzt umwendete, würde ich *einen* Baum sehen". Wenn diese Aussage richtig ist, so kann nicht auch die folgende Aussage richtig sein: „Falls ich mich jetzt umwendete, würde ich *zwei* Bäume sehen." Und umgekehrt: Ist die zweite richtig, so nicht die erste. Dann kann es aber doch nicht nur von einer Konvention abhängen, welches Beschreibungssystem ich wähle. Ist etwa die erste dieser Aussagen richtig, so ist das Beschreibungssystem, wonach der unbeobachtete Baum sich bei gleichzeitiger Änderung der optischen Gesetze in zwei Bäume verwandelt hat, nicht bloß unzweckmäßig, sondern *falsch.* Diesem Einwand könnte man nur mittels einer radikalen Auffassung entgehen. Man müßte sagen, der Einwand setze voraus, *daß irreale Konditionalsätze wahr oder falsch seien.* Bisher sei es aber nicht geglückt, ein Wahrheitskriterium für diese Sätze zu finden. Und man werde auch nie eines finden, da diese Sätze sinnlos seien. Es möge genügen, auf die Radikalität dieser Auffassung hinzuweisen: Alle irrealen Konditionalsätze müßten als unsinnig erklärt werden. Trotz der noch vorhandenen beträchtlichen Meinungsdifferenzen bezüglich dieser Art von Aussagen werden wenige Philosophen so weit gehen, und REICHENBACH hätte vermutlich nicht dazu gehört[36].

Schwerwiegender dürfte der folgende Einwand sein: Wenn man von *dem Baum* spricht und zwar unabhängig davon, ob er beobachtet wird oder

---

[36] Die Schwierigkeit der Deutung solcher Sätze liegt teils im noch ungelösten Problem der gesetzesartigen Aussagen, teils in der Kontextmehrdeutigkeit dieser Sätze. Für eine genauere Analyse vgl. W. STEGMÜLLER, [Erklärung und Begründung], Kap. V. REICHENBACH selbst hatte an anderer Stelle versucht, den Begriff der nomologischen oder gesetzesartigen Aussage zu präzisieren; vgl. sein Buch [Nomological].

nicht, *so spricht man über eine Entität, die mit dem tatsächlich Beobachteten offenbar nicht identisch ist.* Denn wäre „Baum" synonym mit „beobachteter Baum", so könnte man die Frage, ob der Baum weiter existiere, wenn er nicht beobachtet wird, überhaupt *nicht* mehr *als konsistente Frage* formulieren (sie hätte dann nämlich die kontradiktorische Gestalt: „Ist ein nicht beobachtetes X ein beobachtetes X?", worauf man nur die jetzt *vollkommen triviale* Antwort „nein" geben könnte). Die Entität, von der man redet, muß vielmehr eine solche sein, die *nicht nur* durch Merkmale charakterisiert ist, die sich mittels Beobachtung „verifizieren" lassen, sondern deren Natur *durch die theoretischen Annahmen mitbestimmt* ist, die man über sie macht. Insbesondere ist diese Entität — außer in dem einen Grenzfall, wo man der Wahrnehmung „die Kraft zur Schaffung des Baumes" zuschreibt — ein zeitlich dauernder Gegenstand, der während der Zeit, da er nicht beobachtet wird, bestimmte Eigenschaften besitzt. Um was für eine Art von Entität es sich handelt, hängt davon ab, welche Eigenschaften man ihr in der Theorie für die Zeitintervalle der Nichtbeobachtung zuschreibt. In unserem Beispiel: Wenn man annimmt, der nichtbeobachtete Baum zerspalte sich in zwei Bäume und gleichzeitig änderten sich die Gesetze der Optik, so macht man über die mit „der Baum" bezeichnete Entität vollkommen andere theoretische Annahmen als im normalen Fall. Damit erhält auch das, was mit „der Baum" in den beiden Fällen gemeint ist, im einen Fall eine andere Bedeutung als im anderen.

Hier deutet sich an, daß bereits der alltägliche Gehalt von Begriffen physischer Gegenstände mit abhängt von theoretischen Annahmen über diese Gegenstände *und daß sich der Begriff wandelt, sobald sich diese theoretischen Annahmen ändern.* Dies ist ein Gedanke, der REICHENBACH vollkommen fremd war. Für ihn war es noch eine Selbstverständlichkeit, *daß eine saubere empiristische Sprache die Struktur einer* (sei es engeren, sei es weiteren) *Beobachtungssprache L_B haben müsse, in der keine Begriffe Platz haben, die nur partiell empirisch gedeutet werden können.* Und die undefinierten oder definierten Konstanten von L_B ändern natürlich nicht ihre Bedeutung dadurch, daß gewisse empirische Hypothesen, in denen sie vorkommen, durch andere empirische Hypothesen, in denen sie ebenfalls vorkommen, ersetzt werden. Wo sich dieses empiristische Sprachmodell als unzulänglich erwies, blieb REICHENBACH, ihm selbst anscheinend unbewußt, nichts anderes übrig, als zu jener Form der naiv-realistischen Denk- und Sprechweise über Dinge zurückzugreifen, die für das alltägliche Sprechen über diese Gegenstände charakteristisch ist: „Was wir mit ‚Baum', ob gesehen oder nicht wahrgenommen, meinen, das weiß doch jeder."

Soweit es sich um Aussagen über makrophysikalische Objekte handelt, hat REICHENBACHs Schwanken zwischen dem radikalen „Verifikationspositivismus" und dem „naiven Realismus" keine allzu starken erkenntnistheoretischen Auswirkungen. Zumindest mag es hier als ziemlich unerheblich erscheinen, ob man von zwei verschiedenen Sprechweisen über unbeobachtete Bäume spricht oder davon, daß zwei verschiedene theoretische Annahmen gemacht werden und daß mit dem Übergang von der ersten Annahme (z. B.: der Normalannahme: ein unbeobachteter Baum) zur zweiten Annahme (z. B.: Zerspaltung in zwei Bäume mit Änderung gewisser Gesetze) die Wendung „der Baum" ihre Bedeutung geändert habe. Beim Übergang von Makrogegenständen zu Mikroobjekten hingegen wirkt sich diese unklare erkenntnistheoretische Haltung, wie wir sehen werden, verhängnisvoll aus. Denn dabei handelt es sich um den Übergang von etwas, wovon man sich im Prinzip eine anschauliche Vorstellung machen kann, zu etwas, was sich jeder solchen Vorstellbarkeit entzieht.

Vorläufig soll folgendes kritische Zwischenresultat festgehalten werden: Es ist irreführend, von unbeobachteten Objekten zu reden, *unter Abstraktion von dem theoretischen Kontext, in welchem über diese gesprochen wird.* Bei dieser Redeweise erscheinen die unbeobachteten Objekte gleichsam als unveränderliche Fixpunkte, denen gegenüber nur der theoretische Kontext variiert. Tatsächlich *ändert sich jedoch die Natur dieser Gegenstände mit dem theoretischen Kontext*; denn die *Bedeutung* der sie bezeichnenden Namen und der sie charakterisierenden Prädikate ist *mitbestimmt durch die theoretischen Aussagen*, in denen diese Namen und Prädikate vorkommen[37]. *

REICHENBACHs zweite begriffliche Differenzierung enthält die Unterscheidung in *Phänomene* und *Interphänomene.* Unter Benützung des oben erwähnten weiten Begriffs der Beobachtbarkeit[38] identifiziert REICHENBACH die *Phänomene* mit *beobachtbaren Geschehnissen.* In diesem Zusammenhang faßt er einen weiteren Beschluß, nämlich *auch gewisse mikrokosmische Vorgänge unter den Begriff des Phänomens zu subsumieren,* obwohl diese nicht einmal unter Zugrundelegung des weiteren Begriffs der Beobachtbarkeit als beobachtbar bezeichnet werden dürfen. Die Rechtfertigung für diese Terminologie erblickt REICHENBACH darin, daß diese mikrokosmischen Vorgänge „leicht aus makroskopischen Daten erschlossen werden können" (a. a. O. S. 32). Bei diesen „leicht erschließbaren" Phänomenen i. w. S. handelt es sich um solche, die aus *Koinzidenzen* bestehen, wie z. B. dem Zusammenstoß zwischen Elektronen oder Elektronen und Protonen etc. Die beobachtbaren makroskopischen Daten, welche einem derartigen Schluß zugrunde liegen und die mit den fraglichen subatomaren Geschehnissen „durch ziemlich kurze Kausalketten verknüpft" sind (a. a. O. S. 32), bestehen in wahrnehm-

[37] Die Schwierigkeit, den Reichenbachschen Standpunkt durchzuhalten, findet schon einen rein sprachlichen Niederschlag. REICHENBACH spricht von den verschiedenen Beschreibungsmöglichkeiten *eines* nicht beobachteten Baumes. Wie aber kann man denn von der Beschreibung *eines* Baumes reden, wenn in der Beschreibung, wie in dem erwähnten anormalen Fall, von *zwei* Bäumen die Rede ist?

[38] Für eine knappe Diskussion der verschiedenen Begriffe der Beobachtbarkeit vgl. auch R. CARNAP [Physics], S. 226.

baren Dingen, wie z. B. photographischen Filmen, sowie in Vorgängen, die man mittels geeigneter Meßinstumente (Geigerzähler, Wilson-Kammer) direkt beobachten kann. REICHENBACH ist sich völlig darüber im klaren, daß der Schluß von den Makrophänomenen auf die erwähnten Mikrophänomene *kein* logischer Schluß ist. Er hebt jedoch hervor, daß für diesen Schluß nur die Gesetze der klassischen Physik benötigt werden.

Subatomare Geschehnisse, welche sich zwischen jenen Koinzidenzen ereignen, nennt REICHENBACH *Interphänomene*. Dazu gehören z. B. die Bewegungen eines Elektrons zwischen den Kollisionen mit anderen Elementarteilchen oder die Bewegungen eines Lichtstrahls bis zum Zusammenprall mit Materie. Interphänomene unterscheiden sich nach REICHENBACH von den Phänomenen dadurch, daß man „viel kompliziertere Schlußketten" benötigt, um zu ihnen zu gelangen, und daß sie nur „durch Interpolation in der Welt der Phänomene" konstruiert werden können. Im Unterschied zwischen Phänomenen und Interphänomenen erblickt REICHENBACH „die quantenmechanische Analogie zu dem Unterschied zwischen beobachtbaren und unbeobachtbaren Dingen"[39].

* Da das Kernstück der Nagelschen Kritik vor allem die zweite Unterscheidung betrifft und diese Kritik später noch geschildert werden soll, begnügen wir uns vorläufig mit einem Hinweis auf die Problematik von REICHENBACHs Phänomenbegriff. Dazu gehen wir von folgender Frage aus: Wie läßt sich die Erweiterung des Begriffs der Beobachtbarkeit von dem engeren Sinn, der diesem Begriff gewöhnlich von Philosophen beigelegt wird, zu dem „Laboratoriumssinn", in dem er z. B. vom Experimentalphysiker verwendet wird, rechtfertigen? Der „*Laboratoriumssinn der Beobachtbarkeit*" unterscheidet sich von dem engeren „*rein philosophischen Sinn der Beobachtbarkeit*" dadurch, daß danach auch solche Vorgänge als *beobachtbar* bezeichnet werden, die nur unter Zuhilfenahme von Instrumenten (z. B. Spektroskop, Mikroskop, Teleskop etc.) festgestellt werden können. Der Physiker ist sich dessen durchaus bewußt, *daß er bei der Benützung von Instrumenten bestimmte Hypothesen über diese Instrumente stillschweigend als gültig voraussetzt*, nämlich erstens *die allgemeine Theorie des Meßinstrumentes* und zweitens die Annahme, daß *im vorliegenden Fall* das Meßinstrument *richtig (normal)* funktioniert. Sofern gewisse dieser hypothetischen Annahmen falsch sind, kann man sich offenbar nicht mehr auf die unter Zuhilfenahme solcher Instrumente gemachten „Beobachtungen" stützen. *Diese Feststellung bildet aber keinen Einwand gegen diesen weiteren Gebrauch des Wortes „beobachtbar"*. Denn auch wenn man keine Instrumente benützt, sondern sich nur auf das *sinnlich Wahrnehmbare* stützt, *kommt man nicht ohne hypothetische Annahmen aus*, nämlich über das normale Funktionieren der Sinnesorgane, über die Relation zwischen verschiedenen Arten von Sinneswahrnehmungen (in der

[39] Alle zitierten Wendungen finden sich a. a. O., S. 32.

Astronomie etwa: über das Zeitverhältnis von akustischer und visueller Wahrnehmung[40]) sowie darüber, daß keine außergewöhnliche Außenweltsituation vorliegt[41]. Daß die Fiktion der hypothesenfreien Beobachtung so lange kultiviert worden ist, beruht vermutlich auf der damit verbundenen, aber unerfüllbaren Hoffnung, dadurch so etwas wie *ein absolut sicheres Fundament der Erfahrungserkenntnis zu gewinnen*[42].

Bis hierher reicht die Rechtfertigung des naturwissenschaftlichen Gebrauchs von „beobachtbar": Ist ein sinnvoller Begriff „beobachtbar", der im Anwendungsfall nichthypothetische, „selbstevidente" Aussagen liefert, überhaupt nicht konstruierbar, so steht prinzipiell nichts im Wege, diesen Begriff so weit zu fassen, daß auch solches einbezogen wird, das nur mit Instrumenten beobachtbar ist. REICHENBACH *jedoch überschreitet mit seinem Gebrauch des Wortes „Phänomen" die Grenzen, die auch der liberalsten Deutung von „Beobachtung" und „beobachtbar" gesetzt sind.* Die Meßinstrumente sind nämlich makroskopische Objekte, und die vom Experimentator vorausgesetzte Theorie der Meßinstrumente sowie seine Annahmen über deren ordnungsgemäßes Funktionieren sind *makrophysikalische* Hypothesen. Wenn REICHENBACH nun auch solche Geschehnisse, wie Zusammenstöße zwischen Elektronen, *als beobachtbar* im weiteren Sinn oder *als Phänomene* bezeichnet, so bezieht er in die Behauptungen über beobachtbares Geschehen automatisch *hypothetische Annahmen der Mikrophysik* ein. Dann aber ist überhaupt nicht mehr einzusehen, welchen Zweck der Begriff der Beobachtbarkeit haben soll; denn in den exakten Naturwissenschaften hat die Gegenüberstellung „beobachtbar — nicht beobachtbar" doch in erster Linie den Sinn, zwischen Vorgängen im Makrobereich und Vorgängen im Mikrobereich zu unterscheiden.

Wir kennen allerdings REICHENBACHs Versuch, seine Terminologie zu rechtfertigen: Der Schluß auf die Phänomene soll unter Benutzung der Hilfsmittel der klassischen Physik allein möglich sein. Dazu ist zu sagen: *Dies ist logisch unmöglich.* Zur Begründung dieser Behauptung müssen wir in diesem Zusammenhang NAGELs Kritik vorwegnehmen. Der Term „Elektron" ist in seiner Bedeutung erst *durch eine mikrophysikalische Theorie* festgelegt. Die klassische Theorie der Elementarteilchen ist verschieden von der entsprechenden quantenphysikalischen Theorie. Daher haben auch die

---

[40] Hier ergeben sich bekanntlich interpersonelle Unterschiede dadurch, daß die *Relation* zwischen der Geschwindigkeit der Nervenprozesse, die vom Auge zum Zentralhirn verlaufen, einerseits, und der Geschwindigkeit der Nervenprozesse, die vom Trommelfell und Zentralhirn verlaufen, andererseits keine für alle Menschen gültige Konstante darstellt.

[41] Diese letzte Ergänzung fügen wir hinzu, weil die sogenannten Sinnestäuschungen ja *nicht nur* physiologische Ursachen haben können, sondern auch *physikalische* Ursachen, die außerhalb des wahrnehmenden Organismus liegen, mit denen der Organismus aber nicht rechnet (z. B. Fata morgana).

[42] Vgl. N. GOODMAN [Appearance], und W. STEGMÜLLER [Metaphysik].

darin vorkommenden Terme, wie „Elektron", nicht dieselbe Bedeutung. Daß trotzdem derselbe Ausdruck gewählt wurde, hat verschiedene Gründe: z. T. objektiv-sachliche, wie gewisse strukturelle Ähnlichkeiten zwischen den korrespondierenden theoretischen Annahmen; z. T. psychologisch-didaktische, z. B. die theoretische Materie durch Anknüpfung an die klassische Theorie leichter beherrschbar zu machen. Wenn der Schluß auf den Zusammenprall von Elektronen mit Hilfe der klassischen Physik allein möglich sein soll, so muß der Begriff des Elektrons in einem derartigen Kontext durch *die klassische Theorie des Verhaltens von Elektronen* festgelegt sein. Für das Verhalten von Elektronen als Interphänomenen hingegen soll die quantenphysikalische Theorie heranzuziehen sein, so daß durch diese auch der Begriff *des Elektrons als Interphänomens* festgelegt wird. Elektronen zwischen den Zusammenstößen und Elektronen im Augenblick des Zusammenstoßes wären also *vollkommen verschiedene, miteinander unvergleichbare und überhaupt nicht in reale Beziehung zu setzende Arten von Dingen*, da die eine Klasse von Dingen durch Bezugnahme auf eine Theorie *T*, die andere Dingklasse durch Bezugnahme auf eine mit dieser logisch unverträgliche Theorie T^* bestimmt wäre. *Selbstverständlich aber muß das gesamte Verhalten von Elektronen*, sowohl dasjenige zwischen derartigen Koinzidenzen sowie dasjenige zu den Zeitpunkten derartige Koinzidenzen, *durch ein und dieselbe Theorie beschrieben werden*, weil sonst nicht einmal eine Identifizierung dessen, worüber gesprochen wird, erreichbar wäre. *

Wenn Reichenbach in der Unterscheidung zwischen Phänomenen und Interphänomenen das quantenmechanische Analogon zur Unterscheidung zwischen beobachtbaren und unbeobachtbaren Dingen erblickt, so zieht er diese Parallele, um auch von der ersten begrifflichen Unterscheidung Gebrauch machen zu können: Alle mit der Beschreibung der Phänomene verträglichen Beschreibungen der Interphänomene sind nach ihm zulässig. Und mit der Variation der Beschreibungen variieren auch die Interphänomene, während die Phänomene selbst die Invarianten der Beschreibung darstellen.

Es soll jetzt kurz Reichenbachs Analyse zweier Interferenzexperimente geschildert werden, da Reichenbach im Verlauf seines Kommentars zu diesen Experimenten eine dritte Unterscheidung einführt.

Erstes Experiment (vgl. die Abb. bei Reichenbach, a. a. O. S. 37). Gegeben sei eine Strahlungsquelle *A*, ferner eine Blende, in der sich ein einziger Schlitz *B* befindet. Durch diese Blende können sowohl Massenteilchen, wie Elektronen, als auch Lichtstrahlen hindurchgehen und fallen auf einen dahinter befindlichen Schirm. Bei hinreichend langer Bestrahlung bzw. Bombardierung mit Teilchen entsteht auf dem Schirm ein Interferenzmuster. Wird die Intensität der Bestrahlung bzw. der Aussendung von Teilchen niedrig gehalten, so entsteht dieses Muster nicht auf einmal. Vielmehr erhalten wir zu einer gegebenen Zeit nur *Lichtblitze an streng lokalisierten*

Stellen, etwa an der Stelle *C*. Zu den *Phänomen* gehören erstens die *Makroobjekte*: Strahlungsquelle, Blende, Schlitz, Schirm; zweitens aber auch *die Lichtblitze* auf dem Schirm, da die letzteren durch Zähler festgestellt werden können. Die *Interphänomene* sind im vorliegenden Fall die Prozesse, welche sich zwischen *A*, *B* und *C* abspielen. Für die Deutung der Interphänomene stehen uns zwei Möglichkeiten zur Verfügung:

(a) *Korpuskelinterpretation:* Danach werden von der Lichtquelle *A* eineinzelne Teilchen ausgesandt. Diejenigen darunter, welche die Blende nicht in *B* erreichen, sind für das Folgende uninteressant; denn sie erscheinen nicht auf dem hinteren Schirm (da sie reflektiert oder absorbiert werden). Jene Teilchen hingegen, welche die Blende an der Stelle *B* erreichen, gelangen auch zum Schirm. Sie werden jedoch durch Störungen von ihrem ursprünglichen Weg abgelenkt. Diese Störungen gehen aus von den Teilchen, aus denen das Material der Blende besteht (z. B. können diese Störungen seitliche Stöße sein). Die Ablenkung der Teilchen in *B* auf Grund seitlicher Stöße und anderer Störungen unterliegt statistischen Gesetzen. Mit Hilfe dieser statistischen Gesetze kann man erklären, warum gewisse Teile des Schirmes häufiger, andere Teile weniger häufig getroffen werden. Es ist daher möglich, eine eindeutige Entsprechung herzustellen zwischen der *Wahrscheinlichkeitsverteilung der Stöße*, welche in *B* auf die hindurchgehenden Teilchen ausgeübt werden, einerseits und dem auf dem Schirm gewonnenen *Interferenzmuster* andererseits. Die Wahrscheinlichkeit, daß ein Teilchen, welches *A* verläßt, in *B* ankommt, werde wiedergegeben durch $p(B, A)$; und die Wahrscheinlichkeit, daß ein Teilchen, welches *A* verläßt und durch *B* hindurchgeht, in *C* ankommt, durch $p\ (C,\ A \wedge B)$. Beide Werte können, *da nur Phänomene im Spiel sind*, empirisch getestet werden: der erste Wert wird dadurch überprüft, daß man zunächst alle Teilchen zählt, die *A* verlassen und außerdem alle, die am Schirm ankommen (denn das sind genau diejenigen, die durch *B* hindurchgegangen sind); den zweiten Wert testet man in der Weise, daß man zusätzlich noch die in *C* ankommenden Teilchen zählt.

Für REICHENBACH ist es wichtig, das folgende Zwischenresultat festzuhalten: Die Korpuskelinterpretation ist nicht nur widerspruchslos durchführbar, also eine zulässige Beschreibung. Sie ist außerdem eine *Normalbeschreibung*[43]: *Für die Interphänomene brauchen nämlich keine neuartigen Gesetzmäßigkeiten angenommen zu werden.* (Die Tatsache, daß für den Übergang von *B* zu *C* nur statistische Gesetze zur Verfügung stehen, steht zu dieser eben aufgestellten Behauptung *nicht* in Widerspruch; denn in der Quantenphysik gelten bloß statistische Gesetze für das, was REICHENBACH Phänomene nennt.)

---

[43] Darunter verstehen wir, wie bereits früher bemerkt, immer eine Normalbeschreibung *im schwachen Sinn*.

(b) *Welleninterpretation:* Danach verlassen sphärische Wellen die Strahlungsquelle A. Ein kleiner Teil dieser Wellen geht durch den Schlitz B hindurch und breitet sich in der Richtung auf den Schirm hin aus. Das *Interferenzmuster* auf dem Schirm entsteht bei dieser Deutung durch die Überlagerung verschiedene Wellenzüge. Sofern man die Ergebnisse auf dem Schirm *durch längere Zeit hindurch* betrachtet (etwa durch Beobachtung des Musters auf einem am Schirm angebrachten photographischen Film), entstehen auch diesmal keine Schwierigkeiten. Diese zweite Deutung besitzt gegenüber der ersten sogar den Vorteil, daß darin *nur deterministische Gesetze* benutzt werden, also keine statistischen Prinzipien wie bei der Deutung (a). Die Symbole $p(B, A)$ sowie $p(C, A \wedge B)$ können wieder benutzt werden. Doch drücken sie jetzt nicht mehr Relationen zwischen Häufigkeiten bzw. Wahrscheinlichkeiten aus, sondern *Relationen zwischen Wellenintensitäten* (durch die Relationen der zweiten Art sind insbesondere die Schwärzungen an den verschiedenen Stellen des Films bestimmt).

Die Situation wird völlig anders, wenn wir die einzelnen durch den Film festgehaltenen Lichtblitze betrachten. Die Welleninterpretation führt hier zu einer erstmals von EINSTEIN aufgezeigten Schwierigkeit. Bevor nämlich die Welle den Schirm erreicht, bedeckt sie eine Halbkugel, deren Zentrum in B liegt. Sobald sie aber den Schirm erreicht, ruft sie nur an einem einzigen Punkt, etwa wieder in C, einen Lichtblitz hervor und verschwindet an allen übrigen Stellen: sie wird durch diesen Lichtblitz verschluckt. *Dies ist ein Prozeß, der nicht unter die für beobachtbare Phänomene geltenden Gesetze subsumiert werden kann.* REICHENBACH spricht hier von einer *kausalen Anomalie.* Diese kausale Anomalie besagt nichts anderes, als daß wir es hier nicht mehr mit einer Normalbeschreibung zu tun haben. Um im vorliegenden Fall die *Welleninterpretation* vornehmen zu können, müssen wir also annehmen, daß die für Interphänomene geltenden Gesetze verschieden sind von jenen, die für Phänomene gelten. (Wir stehen also vor einer analogen Situation wie der Mann, der zunächst einen Baum sieht, sich dann umdreht, weiterhin nur *einen* Schatten sieht, jedoch die Existenz zweier Bäume annimmt und der dabei, um eine zulässige Beschreibung zu erhalten, zusätzlich annimmt, daß sich die Gesetze der Optik geändert haben.) REICHENBACH betont (a. a. O. S. 39), daß uns diese Anomalie nicht zu stören brauche, da wir sie mittels der Interpretation (a) wegtransformieren können.

* Wenn man die Denkweise REICHENBACHs akzeptiert, so könnte man noch weiter gehen und fragen, warum einen denn eine solche kausale Anomalie *überhaupt* stören solle, *selbst wenn man gar nicht weiß, daß eine andere Interpretation existiert, bei der keine derartige Anomalie auftritt* (oder wenn man es weiß, *so doch nicht daran denkt*, die Anomalie wegzutransformieren). Denn vom logischen Standpunkt aus sind ja alle zulässigen Beschreibungen gleichwertig, und die Normalbeschreibung ist, falls es eine solche gibt, vor

den übrigen allein durch das *psychologische Faktum* ausgezeichnet, daß wir an Beschreibungen dieser Art *gewöhnt* sind, weil darin nur solche Gesetze vorkommen, die wir aus anderweitigen Anwendungen bereits kennen. *

Zweites Experiment (vgl. die Abbildung a. a. O. S. 37). Zum Unterschied vom ersten Experiment befinden sich diesmal auf der Blende zwei Schlitze B_1 und B_2. Auch diesmal entsteht auf dem Schirm ein Interferenzmuster, das von dem des ersten Experimentes verschieden ist. Die Begriffe „Phänomen" und „Interphänomen" haben analoge Anwendungen wie im ersten Fall, wobei natürlich jetzt B_1 und B_2 an die Stelle von B treten. Abermals stehen prinzipiell zwei Deutungsmöglichkeiten zur Verfügung. Auch diesmal wird die Strahlungsintensität so niedrig gehalten, daß nur einzelne Lichtblitze auf dem Schirm erhalten werden.

(a) *Korpuskelinterpretation:* Danach verlassen wieder einzelne Teilchen sukzessive die Strahlungsquelle. Ein in C stattfindender Lichtblitz ist nun ein Symptom dafür, daß ein solches Teilchen entweder durch B_1 oder durch B_2 hindurchgegangen ist. Die Wahrscheinlichkeit $p(C, A)$, daß ein von A kommendes Teilchen den Punkt C erreicht, ergibt sich aus der wahrscheinlichkeitstheoretischen Regel: $p(C, A) = p(B_1, A) \cdot p(C, A \wedge B_1) + p(B_2, A) \cdot p(C, A \wedge B_2)$ (für die Bedeutung der übrigen Formelteile vgl. die obige Erläuterung).

Nun gelangt man zu einer merkwürdigen Feststellung: *Die hier auftretenden rechten Zahlenwerte sind nicht dieselben wie jene, die man erhält, wenn man Experimente vom ersten Typ durchführt!*

Dies läßt sich folgendermaßen empirisch begründen: Es werde als Schirm ein Film benützt. Das eben geschilderte Experiment werde nun mit einem weiteren verglichen, welches aus der Überlagerung zweier neuer Experimente vom ersten Typ besteht. Zunächst wird für eine Zeitspanne der Schlitz B_1 offen gelassen, der Schlitz B_2 jedoch bei weitergehendem Strahlungsvorgang geschlossen; daraufhin wird für eine gleiche Zeitspanne umgekehrt nur B_1 bei im übrigen unverändertem Vorgang geschlossen. Auf dem Film ergibt sich eine Überlagerung der beiden Interferenzmuster. *Dieses Muster ist nicht dasselbe wie jenes, welches sich ergibt, wenn man die beiden Schlitze gleichzeitig für dieselbe Zeitspanne offen läßt.* Die beiden Wahrscheinlichkeiten $p(C, A \wedge B_1)$ sowie $p(C, A \wedge B_2)$ müssen sich somit geändert haben. Für B_1 z. B. bedeutet dies: *Die Wahrscheinlichkeit, daß ein Teilchen, welches durch B_1 hindurchgeht, C erreicht, hängt davon ab, ob der Schlitz B_2 offen ist oder nicht.*

Wer von dem Vergleich dieser Experimente das erste Mal hört und sich von dem Verlauf der Vorgänge, die REICHENBACH Interphänomene nennt, eine realistische Vorstellung macht, gewinnt fast unvermeidlich den Eindruck, daß hier ein Mysterium vorliege. Es ist, so wird er sich sagen, so, als ob z. B. ein durch B_1 hindurchgehendes Teilchen sich fragt: „ist auf der Blende noch ein zweiter Schlitz offen oder nicht?" und je nach Ausfall der

Antwort auf diese Frage sich anders verhielte. Eine solche mythologische Vorstellung wäre natürlich zurückzuweisen. Aber diese mögliche psychologische Reaktion ist immerhin ein Hinweis darauf, *daß im vorliegenden Fall die Korpuskelinterpretation mit einer kausalen Anomalie behaftet ist. Die Beschreibung in der Sprache der Korpuskeln ist keine Normalbeschreibung.* REICHENBACH charakterisiert die kausale Anomalie folgendermaßen. Man muß annehmen, daß in B_2 ein kausaler Prozeß seinen Ausgangspunkt nimmt, sich nach B_1 ausbreitet und die durch B_1 hindurchgehenden Stöße beeinflußt. Es kommt noch hinzu, daß der Kausalprozeß die Gestalt einer Fernwirkung haben muß, d. h. *daß er das Prinzip der Nahwirkung verletzt,* da zwischen B_1 und B_2 keine Prozesse feststellbar sind. Letzteres läßt sich am besten dadurch nachweisen, daß weder beliebige Veränderungen am Material der Blende noch beliebige Veränderungen ihrer Form zwischen den beiden Schlitzen irgendeinen Einfluß auf diese Wirkung haben.

(b) *Welleninterpretation:* Um zu verhindern, daß die bei der Welleninterpretation des ersten Experimentes auftretende Anomalie wiederkehrt, muß eine spezielle Annahme gemacht werden. Man darf keine sich im Raum offen ausbreitenden Wellen annehmen; vielmehr muß es sich um sogenannte Zweikanalwellen handeln, d. h. um Wellen, deren Verlauf auf zwei enge Kanäle beschränkt ist. Eine nicht ganz exakte Veranschaulichung liefert das folgende Bild (vgl. die Annäherungsfigur a. a. O. S. 42):

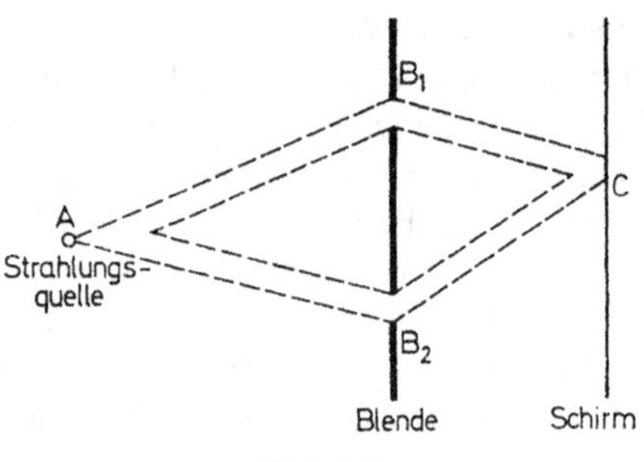

Fig. 4-1

Das auf dem Schirm entstehende Interferenzmuster kann jetzt, *ohne daß man kausale Anomalien annehmen müßte,* so gedeutet werden, daß es durch Überlagerung der beiden Wellenzüge hervorgerufen wird (d. h. genauer: Das Muster entsteht aus Überlagerungen von Schwärzungen, die innerhalb der Zeitspanne durch Zweikanalelemente an verschiedenen Punkten C auf dem Schirm hervorgerufen wurden). *Diesmal führt also eine geeignete Welleninterpretation zu einer Normalbeschreibung.*

In Anknüpfung an diese Diskussion unterscheidet REICHENBACH zwei Arten Deutungen: *erschöpfende Interpretationen* und *einschränkende Interpreta-*

tionen. Die erschöpfenden Interpretationen liefern nicht nur eine vollständige Beschreibung der Phänomene, sondern außerdem eine vollständige Beschreibung der Interphänomene. Alle bisher diskutierten Interpretationen waren vollständige Beschreibungen. Wie sich herausstellte, war keine der Interpretationen von kausalen Anomalien frei: In bezug auf Experimente vom ersten Typus führte die Welleninterpretation zu kausalen Anomalien, in bezug auf Experimente vom zweiten Typus hatte die Korpuskelinterpretation kausale Anomalien im Gefolge. REICHENBACH gelangt somit zu dem Ergebnis, *daß keine erschöpfende Interpretation der Quantenmechanik ein normales System enthält.*

* Um zu diesem Schluß zu gelangen, muß REICHENBACH stillschweigend jede „Pendelinterpretation" ausschließen. Darunter verstehen wir eine solche, in der je nach der Situation das eine Mal die eine, das andere Mal die andere Interpretation akzeptiert wird. Läßt man dies zu, so erhält man in *beiden* geschilderten Fällen ein normales System: im ersten Fall bei der Korpuskelinterpretation, im zweiten Fall bei der Welleninterpretation (von der genauer geschilderten Art). Und warum sollte man so etwas nicht zulassen? Wenn es sich, wie REICHENBACH meint, *weder* bei Aussagen über unbeobachtete Gegenstände *noch* bei Aussagen über Interphänomene um mehr oder weniger gut bestätigte empirische Hypothesen handelt, sondern nur um verschiedene Beschreibungsweisen, die logisch gleichberechtigt sind, dann könnte man sich doch von Fall zu Fall diejenige Beschreibungsweise zurechtlegen, die einem am bequemsten erscheint! Dies wird vermutlich diejenige sein, in der keine Anomalien auftreten. Sollten aber Gründe gegen eine derartige Pendelinterpretation sprechen, so könnte man weiterfragen: Warum soll man sich denn nicht ein für allemal auf irgendeine Interpretation festlegen und die gelegentlich auftretenden kausalen Anomalien in Kauf nehmen? Daß es sich dabei *nicht* um *fehlerhafte* Beschreibungen handelt, betont ja REICHENBACH selbst immer wieder entschieden. An späterer Stelle erwähnt REICHENBACH unter der Bezeichnung „die Redeweise von der Dualität der Wellen- und der Korpuskelinterpretation" das, was wir die Pendelinterpretation nannten (a. a. O. S. 46); und mit Bezugnahme auf die Deutung stellt er fest: „*Wir haben kein Normalsystem für alle Interphänomene, wohl aber haben wir ein Normalsystem für jedes Interphänomen.*"

Doch wir wollen noch eine viel frechere und radikalere Frage stellen: Was ist eigentlich der Sinn der beiden geschilderten Interpretationen? oder noch gröber formuliert: Besteht ein prinzipieller oder nur ein gradueller Unterschied zwischen der Korpuskel- und der Welleninterpretation einerseits und der erwähnten mythologischen Deutung andererseits (nämlich der Deutung, wonach sich die Korpuskeln beim Durchgang durch B_1 *darüber vergewissern*, ob noch ein anderer Schlitz offen ist oder nicht)? Die Antwort darauf wird davon abhängen, *was für einen Interpretationsbegriff man zugrundelegt.* Entweder dieser Begriff wird in einem *psychologischen* Sinn verstanden.

Dann ist der Unterschied in der Tat nur ein gradueller. Denn in diesem Fall wird man sagen müssen: Entscheidend ist nur dies, ob die Theorie exakte Prognosen und Erklärungen zuläßt. Dagegen ist es ganz unwesentlich, was für Interpretationen sich der einzelne Forscher zusätzlich zurechtlegt. Denn dies bedeutet im gegenwärtigen Zusammenhang nichts weiter als: es ist unwesentlich, *welches Spiel der Vorstellungen* er mit der Anwendung seiner Theorie verbindet[44]. Oder der Begriff wird in einem präziseren logischen Sinn verstanden. Dann wäre die Quantenmechanik als eine axiomatisch aufgebaute Theorie zu denken, für die *ein Modell* zu suchen wäre. Woher stammen dann die beiden Begriffe „Welle" und „Korpuskel"? Vermutlich von der *klassischen Theorie.* Jetzt aber ist das obige Resultat nicht mehr erstaunlich: Wenn man für eine Theorie T_1 ein diese Theorie wahr machendes Modell M zu konstruieren versucht und als Grundbegriffe von M solche verwendet, die aus einer *mit* T_1 *logisch unverträglichen Theorie* T_2 stammen, so sollte es einen nicht wundern, wenn dabei so etwas wie „kausale Anomalien" auftreten. *

Die zweite Klasse von Interpretationen nennt REICHENBACH *einschränkende Interpretationen.* Die Quantenmechanik wird darin so gedeutet, *daß sie nur Behauptungen über Phänomene enthält.* Da die kausalen Anomalien ausschließlich dann auftreten, wenn Sätze über Interphänomene formuliert werden, treten im Rahmen einschränkender Interpretationen keine Anomalien auf. Diese Interpretationen liefern daher alle in trivialer Weise Normalbeschreibungen. Wiederum aber betont REICHENBACH, daß nicht wegen ihrer Freiheit von kausalen Anomalien nur die einschränkenden Interpretationen als zulässig angesehen werden dürfen (a. a. O. S. 46.). Es ist Sache freier Willensentscheidung, die eine oder die andere Interpretationsart zu akzeptieren.

Innerhalb der einschränkenden Interpretationen unterscheidet REICHENBACH wiederum zwei Arten. Das eine sind die Interpretationen mit *einschränkender Sinndefinition.* Es handelt sich hierbei um die *Bohr-Heisenberg-Interpretation.* Danach werden Aussagen über nicht gemessene Größen, insbesondere alle Aussagen über Interphänomene, für *sinnlos* erklärt. Am obigen Beispiel des zweiten Interferenzexperimentes möge das Funktionieren dieser Form von einschränkender Interpretation erläutert werden.

Zunächst ist zu beachten, *daß* — unter Zugrundelegung der Standardinterpretation der Unschärferelation — *nach dieser Deutung keine Aussagen über die gleichzeitigen Werte komplementärer Größen zulässig sind.* Nun handelt es sich bei jenem Interferenzexperiment um eine Anordnung, die uns erlaubt, eine Frequenz und damit den Impuls eines Teilchens zu messen. *Damit sind*

---

[44] In dieser Hinsicht besteht kein Unterschied zur korrekten Anwendung alltäglicher Ausdrücke. Wer sich jedesmal, wenn er das Wort „rot" ausspricht, dabei einen grauen Elefanten vorstellt, *macht von diesem Wort keinen falschen Gebrauch,* wenn er es im Einklang mit den Regeln des Sprachgebrauchs verwendet.

sämtliche Aussagen über den Ort des Teilchens verboten. Das Verbot ist natürlich so zu verstehen, daß auch komplexe Sätze, in denen Aussagen über den Ort des Teilchens als Teilaussagen vorkommen, verboten sind. Man kann daher *nicht* etwa eine Behauptung von der Art formulieren: „Wenn das Teilchen durch den Schlitz B_1 hindurchgegangen ist, so ist es durch die Existenz des Schlitzes B_2 beeinflußt worden"; denn der Wenn-Satz dieser Behauptung ist nach der Voraussetzung des Experimentes und wegen des Verbotes sinnlos. *Daher kann die kausale Anomalie*, die bei der Korpuskelinterpretation des zweiten Experimentes auftrat, *jetzt nicht einmal mehr formuliert werden.*

Nach REICHENBACH handelt es sich um einen an sich möglichen und zulässigen Standpunkt. Er kann ihn jedoch nicht gutheißen. Sein Argument dagegen läßt sich so formulieren: *Der einzige Vorteil dieser Interpretation ist die Vermeidung kausaler Anomalien; diesem Vorteil stehen drei Nachteile entgegen, die den Vorteil mehr als aufwiegen.* Diese Nachteile sind die folgenden:

(a) Die bei dieser Interpretation verwendete Sinndefinition ist Ausdruck eines *radikalen Positivismus*: „Worüber man keine direkt verifizierbaren Aussagen machen kann, darüber darf man überhaupt nichts aussagen." Mit Nachdruck wendet sich REICHENBACH gegen Pseudobegründungen dieser These, wonach die Prinzipien des Empirismus diese Regel erzwingen. Was man als sinnvoll anerkennen will und was nicht, läßt sich nach ihm durch eine *willkürliche Sinndefinition* festlegen. Die Frage ist allein die, ob die Sinndefinition unerwünschte Konsequenzen hat oder nicht (a. a. O. S. 55 und S. 156). An die Stelle von angeblichen Begründungen haben *Zweckmäßigkeitsbetrachtungen* zu treten. Niemand würde auch nur auf die Idee kommen, die Bohr-Heisenberg-Interpretation zu befürworten, wenn sie nicht die Elimination kausaler Anomalien im Gefolge hätte.

(b) Diese Einstellung hat außerdem die Konsequenz, daß gewisse physikalische Gesetze, welche gewöhnlich als Sätze der physikalischen Objektsprache betrachtet werden, jetzt *als Sätze der Metasprache über die physikalische Sprache* gedeutet werden müssen (a. a. O. S. 157). Die meisten Physiker werden sich nur höchst unwillig zu der Auffassung bekennen, daß sie bei der Formulierung von Naturgesetzen *semantische Feststellungen über sprachliche Ausdrücke* machen. Ein Beispiel bildet die Vertauschungsregel, welche ein *physikalisches Gesetz* der Quantenmechanik darstellt, trotzdem aber jetzt die Gestalt der semantischen Feststellung annimmt: „Wenn zwei Aussagen komplementär sind, dann ist höchstens eine davon sinnvoll."

(c) Man kommt bei dieser Interpretation nicht umhin, gegen die stillschweigend angenommenen syntaktischen Regeln der physikalischen Sprache zu verstoßen. Syntaktische Regeln sollten nämlich *vor jeder Aufstellung von Gesetzen* als Konventionen über den Sprachaufbau eingeführt werden. Und nur durch diese Regeln sollte der Unterschied zwischen dem, was sinnvoll ist, und dem, was es nicht ist, festgelegt sein. Es ist dagegen unnatürlich, ein physikalisches Gesetz mit der Aufgabe dieser Unterscheidung zu betrauen. Das Gesetz selbst muß dann durch Bezugnahme auf Ausdrücke formuliert werden, welche sinnvolle *wie sinnlose* Ausdrücke einschließen. Die Unnatürlichkeit dieser Konstruktion zeigt sich besonders deutlich darin, daß es danach Aussageformen mit Variablen gibt (z. B. „die Größe X hat zur Zeit t den Wert u"), die für bestimmte Einsetzungen von Konstanten für die Variablen sinnvolle Aussagen, für andere Einsetzungen hingegen sinnlose Ausdrücke liefern.

* Alle drei Argumente erscheinen als überzeugend, *vorausgesetzt, daß die Bohr-Heisenberg-Interpretation von Reichenbach richtig gedeutet wurde.* Vor allem das erste Argument würde durch all das, was seither gegen die Gleichsetzung von „empirisch sinnvoll" und „verifizierbar" vorgebracht ist, weiter gestützt werden. Es ist allerdings äußerst fraglich, ob durch die ganze *Art der Betrachtung*, die REICHENBACH mit seinen begrifflichen Unterscheidungen einführt, der „Verifikationspositivismus" in adäquater Weise überwunden oder auch nur aufgelockert wird. An mehreren Stellen mußten wir feststellen, daß REICHENBACH von naiv-realistischen Konzeptionen Gebrauch macht. Dieser „naive Realismus" zeigte sich bereits bei der Einführung der normalen Beschreibungssysteme, noch deutlicher aber bei der Einführung der Begriffe des Phänomens und des Interphänomens. Er bestand in der Annahme, Begriffe von unbeobachteten makroskopischen oder subatomaren Gegenständen seien *unabhängig von jeder Theorie*, in der über diese Gegenstände Aussagen gemacht werden, einzuführen. So begrüßenswert ein Unterfangen erscheinen mag, aus dem Gefängnis der Verifikationstheorie der Bedeutung auszubrechen, so fragwürdig wird es, wenn dieses Unternehmen darin bestehen soll, dieser engstirnigsten Form des Empirismus einen naiven Realismus aufzupropfen. *

REICHENBACH schlägt als Alternative eine Interpretation *mit eingeschränkter Aussagbarkeit* vor. Zu dieser will er mit Hilfe einer dreiwertigen Logik gelangen. Zu den beiden Wahrheitswerten *wahr* und *falsch* soll ein dritter Wahrheitswert *unbestimmt* treten. Genau jene Aussagen, die nach der Bohr-Heisenbergschen Festlegung über die einschränkende Sinndefinition als sinnlos ausgeschieden werden — also insbesondere die Aussagen über Interphänomene —, sind jetzt zugelassen, erhalten jedoch den dritten Wahrheitswert *unbestimmt*. Die Regeln seiner dreiwertigen Aussagenlogik hat REICHENBACH im einzelnen anzugeben versucht (a. a. O., S 32.)

Diese von ihm befürwortete Deutung beseitigt nach REICHENBACHs Auffassung die Nachteile der früheren Interpretationen. Mit der Bohr-Heisenberg-Interpretation teilt sie den Vorteil, daß darin *keine kausalen Anomalien* auftreten können. Mit den Korpuskel- und Welleninterpretationen hingegen teilt sie den Vorteil, daß darin Aussagen über Beobachtetes *wie über Unbeobachtetes*, über makrophysikalische Objekte *wie über subatomare Größen*, zulässig sind. Man gibt wohl REICHENBACHs Intention adäquat wieder, wenn man seine Ansicht bündig so zusammenfaßt: *Die Interpreta-*

tion mit Hilfe einer dreiwertigen Logik verhält sich wie eine erschöpfende Interpretation, mit dem einen Unterschied, daß sie keine kausalen Anomalien im Gefolge hat, die jeder anderen erschöpfenden Interpretation anhaften.

E. NAGEL hat in [Review] die Reichenbachsche Deutung einer dreifachen Kritik unterzogen[45]. An erster Stelle kritisiert er REICHENBACHs *Betonung des akausalen Charakters* der modernen Physik. Nach der Nagelschen Interpretation ist auch die Quantenmechanik eine deterministische Theorie. Was sich gegenüber der klassischen Theorie geändert habe, sei lediglich der Zustandsbegriff. Dieser Teil von NAGELs Kritik ist äußerst problematisch. Es ist bedauerlich, daß er diesen Punkt so stark hervorkehrte. Denn dies hatte zur Folge, daß REICHENBACH sich in seiner in [Reply] enthaltenen Erwiderung fast ausschließlich auf diesen, für die Frage der theoretischen Begriffe unwesentlichen Teil der Kritik bezog. Es scheint, daß man zum Zwecke der begrifflichen Klärung *zwei Arten von Akausalität* bzw. von Indeterminismus unterscheiden muß.[46] Eine andere Kritik betrifft *die dreiwertige Logik:* Abgesehen davon, daß diese Logik zu rein formal-technischen Schwierigkeiten führt, bleibt die mit den drei Wahrheitswerten verknüpfte *Bedeutung* unklar. Erstens nämlich ist der dritte Wahrheitswert nicht mehr charakterisiert. Es fragt sich daher, ob die von REICHENBACH bevorzugte Deutung wirklich etwas anderes darstellt als das, was er die Interpretation mit einschränkender Sinndefinition nennt, oder ob es sich *nur um einen Unterschied der Sprechweise* handelt; d. h. entschließt sich REICHENBACH nicht einfach, dort das Prädikat „unbestimmt" zu benützen, wo jene Deutung den Terminus „sinnlos" verwendet? Zweitens scheint REICHENBACH zu übersehen, daß er mit der Einführung eines dritten Wahrheitswertes auch die Bedeutung der beiden üblichen Ausdrücke „wahr" und „falsch" ändert, ohne die neue Bedeutung zu präzisieren. Zum üblichen Gebrauch von „wahr" gehört es ja, daß dieses Prädikat *genau eine* ausschließende Alternative besitzt, *während es jetzt zwei verschiedene ausschließende Alternativen erhalten soll.* Diese Kritik dürfte im wesentlichen unanfechtbar sein. Wir haben oben bemerkt, man könne den engen Verifikationspositivismus nicht dadurch überwinden, daß man die durch den Ausschluß des Nichtverifizierbaren entstehenden Lücken mit Begriffen des naiven Realismus ausfüllt. Ergänzend können wir jetzt hinzufügen: Diese Überwindung kann auch *nicht* in der Weise erfolgen, *daß man das in jener Deutung für sinnlos erklärte Unverifizierbare mit einem semantisch nicht näher explizierten dritten Wahrheitswert belegt.*

Der uns in diesem Kontext interessierende Punkt betrifft jedoch NAGELs Konzeption der Begriffe von subatomaren Größen, worin er von REICHEN-

[45] Da von nun an kein Mißverständnis von Schilderung und Kommentierung auftreten kann, wird das Symbol „*" mit der obigen Funktion nicht mehr verwendet.

[46] Vgl. dazu W. STEGMÜLLER, [Erklärung und Begründung], Kap. III und Kap. VII, Abschn. 9.

BACH vollkommen abweicht. Wir haben bereits oben auf die Problematik der Begriffe „Phänomen“ und „Interphänomen“ hingewiesen. NAGEL hält diese Unterscheidung für unnütz und irreführend. Nach seiner Auffassung müssen die Grundsätze der Quantenphysik als *implizite Definitionen* der quantenmechanischen Entitäten betrachtet werden, insbesondere die Unschärferelation als partielle implizite Definition dieser Entitäten, wie z. B. der Elektronen. Unter Bezugnahme auf REICHENBACHs Phänomenbegriff fragt NAGEL: „Wird denn überhaupt eine sinnvolle wissenschaftliche Hypothese in Erwägung gezogen, wenn für die Erklärung des Vorkommens gewisser makroskopischer Wirkungen der Zusammenstoß von Elektronen postuliert wird — falls nicht zugleich eine *Theorie* des Verhaltens von Elektronen vorgeschlagen wird, die genau bestimmt, was Elektronen sind und tun?“[47]

A. PAP versuchte, NAGELs Vorstellung durch eine Analogiebetrachtung zur euklidischen Geometrie zu verdeutlichen[48]. Für das von ihm erstmals streng aufgebaute Axiomensystem der euklidischen Geometrie hatte HILBERT den Begriff der impliziten Definition eingeführt. Gemeint war damit nichts weiter, als daß sämtliche Grundbegriffe der euklidischen Geometrie (wie *Punkt*, *Gerade*, *liegt auf*, *ist kongruent mit*) weder als durch die Anschauung bestimmt noch als explizit definiert vorausgesetzt werden, sondern als *durch die Axiome allein* charakterisiert. Berücksichtigt man dies, so ist es *falsch* zu sagen, *das in dem Axiomensystem der euklidischen Geometrie vorkommende Parallelenpostulat werde in der nichteuklidischen Geometrie negiert* (d. h. es gelte dort die Negation dieses Postulates). Denn das Parallelenpostulat enthält den *euklidischen* Geradenbegriff, der erst durch *sämtliche* euklidischen Axiome, *einschließlich des Parallelenpostulates selbst*, bestimmt ist. Und *auch die Negation* dieses Postulates muß dann natürlich *diesen* Geradenbegriff verwenden. *Der euklidische Begriff der Geraden aber kommt in der nichteuklidischen Geometrie gar nicht vor*, da ja darin das Parallelenpostulat durch ein mit ihm unverträgliches ersetzt wurde und sich damit *alle* geometrischen Begriffe geändert haben.

Ebenso ist es falsch zu behaupten, die Annahme der klassischen Physik, daß die Elektronen einen wohlbestimmten Ort und einen wohlbestimmten Impuls besitzen, werde durch die Quantentheorie geleugnet. Denn in der Quantentheorie werden zwar dieselben *Ausdrücke* „Elektron“, „Ort eines Elektrons“, „Impuls eines Elektrons“ verwendet. Sie haben jedoch durch den Wandel der Theorie *eine Änderung in ihrer Bedeutung* erfahren. Da zu den Grundprinzipien der Quantenmechanik auch die Unschärferelation gehört, so ergibt

[47] „. . . is a significant scientific hypothesis being entertained when, in order to explain the occurence of certain macroscopic effects, the collision of electrons is postulated — unless some *theory* of electronic behaviour is also proposed which specifies just what electrons are and do?“ (a. a. O., S. 443).

[48] [Erkenntnistheorie], S. 133.

sich (unter der Voraussetzung der Standardinterpretation dieser Relation[49]): Elektronen *im quantenphysikalischen Sinn* können nicht zugleich einen wohlbestimmten Ort *im quantenphysikalischen Sinn* und einen wohlbestimmten Impuls *im quantenphysikalischen Sinn* haben. Wollte man dennoch so etwas behaupten, *so würde man einen logischen Widerspruch innerhalb dieser Theorie erzeugen* (NAGEL geht zu weit, wenn er sagt, es sei *sinnlos*, Elektronen in der Quantenphysik zwei derartige genau bestimmte Größen simultan zuzuschreiben). Es ist durchaus denkbar, daß auch die Bohr-Heisenberg-Interpretation in dem eben skizzierten Sinn zu deuten ist und nicht in dem von REICHENBACH mit Selbstverständlichkeit zugrunde gelegten Sinn des Verifikationspositivismus. Auch bei dieser Deutung müßte man dann, analog wie in den Formulierungen von NAGEL, „sinnlos" durch „kontradiktorisch" ersetzen.

PAP weist allerdings (a. a. O., S. 133f.) zugleich auf zwei seiner Meinung nach fundamentale Schwierigkeiten der Nagelschen Deutung hin. Diese Schwierigkeiten dürften auch den Grund dafür gebildet haben, warum REICHENBACH die Analogie zwischen dem mathematischen und dem physikalischen Fall nicht akzeptiert und den Gedanken an eine *nur teilweise Bestimmung der Bedeutung physikalischer Begriffe durch die sie enthaltende physikalische Theorie* von sich gewiesen hätte. Erstens sind die Axiome einer als Kalkül oder Semikalkül aufgebauten axiomatischen Theorie *überhaupt keine Sätze*, sondern bilden bloße *Aussageformen*, in bezug auf welche weder von Wahrheit noch von Falschheit gesprochen werden kann. Denn die Grundausdrücke dieser Theorie werden bei diesem Aufbau überhaupt nicht interpretiert und sind daher *als Variable* aufzufassen. Zweitens kann *die empirische Interpretation* einer axiomatisch aufgebauten Theorie, wie z. B. der reinen Geometrie, nach PAPs Auffassung nur in der Weise vorgenommen werden, daß die zunächst ungedeuteten Grundbegriffe durch sogenannte *Zuordnungsdefinitionen*[50] mit beobachtbaren physikalischen Gebilden verknüpft werden, so daß z. B. den Geraden im geometrischen Aufbau Lichtstrahlen zugeordnet werden. Es erscheine jedoch als höchst zweifelhaft, ob man die Grundbegriffe der modernen Physik wie „Elektron", „Proton", „Photon", „Psi-Funktion" so deuten könne.

Hier wird eine radikale Alternative aufgestellt: *Entweder es bleibt beim uninterpretierten Kalkül oder sämtliche Grundbegriffe werden durch Zuordnungsdefinitionen empirisch interpretiert*[51]. Was NAGEL mit seiner eingehenden Kritik

[49] Wie bereits erwähnt, ist diese Interpretation der Unschärferelation unhaltbar.

[50] Dieser Begriff der Zuordnungsdefinition stammt von REICHENBACH selbst. Er hat ihn erstmals in [Raum-Zeit] benützt.

[51] Der Ausdruck „Zuordnungsdefinition" ist übrigens nicht zweckmäßig. Das Wort „Definition" ist bereits mit so vielen Bedeutungen belastet, daß man ihm nicht noch eine weitere aufbürden sollte. Wir werden später statt dessen nur von *Zuordnungsregeln*, *Korrespondenzregeln* oder *Interpretationsregeln* sprechen.

offenbar bezweckte, war *der Versuch, diese radikale und zweifellos falsche Alternative zu überwinden.* Denn um ein wissenschaftliches System *empirisch anwendbar* zu machen, etwa für Erklärungs-, Voraussage-, Retrodiktions- oder andere Systematisierungszwecke, ist es keineswegs erforderlich, daß es *vollständig* gedeutet worden ist. Eine geeignete *partielle Interpretation*, die *gewissen Begriffen* — und auch diesen oft nur innerhalb eines gewissen Spielraums — *eine empirische Deutung* verleiht, ist dafür vollkommen ausreichend.

Die Überlegungen CARNAPs und HEMPELs, die wir in den beiden ersten Abschnitten dieses Kapitels kennenlernten, haben dies bereits deutlich gemacht, wenn auch die Ausgangsbasis dieser Überlegungen eine gänzlich andere war. CARNAPs Überlegungen beruhten auf der Einsicht in die Schwierigkeiten, *Dispositionsbegriffe* in eine vollständig interpretierte Wissenschaftssprache einzuführen. HEMPELs Untersuchungen betrafen das analoge Problem bezüglich *metrischer Begriffe.* NAGELs Gedankengänge schließlich gehen in bezug auf *Begriffe von subatomaren Entitäten* in eine ähnliche Richtung. *Hier bietet sich der Gedanke einer bloß partiellen Interpretation vielleicht sogar am zwanglosesten an.* Denn während man sich, wie wir gesehen haben, immerhin im Prinzip denken kann, daß Dispositionsprädikate und quantitative Begriffe bei hinreichend ausgestatteter Beobachtungssprache[52] definierbar sind, *muß es durchaus rätselhaft bleiben,* wie Begriffe von unbeobachtbaren subatomaren Elementen in eine empiristische Sprache vom Charakter einer Beobachtungssprache eingeführt werden sollten, mag diese mit noch so reichen logisch-mathematischen Hilfsmitteln ausgestattet sein. Es ist daher von vornherein anzunehmen, daß diese Begriffe von zwei Seiten her eine nur partielle Interpretation erfahren können: Einerseits eine *strukturelle Interpretation* auf dem Wege über die Axiome und Definitionen innerhalb des formalen Systems; andererseits eine partielle *empirische Interpretation,* welche *gewisse* Begriffe der Theorie — und zwar ausschließlich Makrobegriffe, also solche, die innerhalb der Theorie nicht Grundbegriffe, sondern *definierte* Begriffe sind — mit empirischen Gegebenheiten verknüpft. NAGEL hat in seiner Kritik an REICHENBACH die strukturelle Interpretation mit Absicht etwas einseitig hervorgekehrt, da dieser Aspekt von REICHENBACH gänzlich vernachlässigt worden war. Der Vorwurf, daß er die Notwendigkeit einer empirischen Deutung nicht gesehen habe, der implitzit in PAPs Äußerungen steckt, besteht jedoch nicht zu Recht.

Wir haben somit ein weiteres wichtiges, wenn auch abermals nicht logisch zwingendes *Motiv für die Einführung theoretischer Begriffe,* die nur einer teilweise empirischen Deutung fähig sind, kennen gelernt. Akzeptiert man die These, daß die Begriffe von mikrophysikalischen Entitäten solche Begriffe seien, so hat dies für die von REICHENBACH erörterten Probleme ein-

[52] Diese Ausstattung kann zum Teil den traditionellen, logischen und mathematischen Apparat betreffen, zum Teil aber darüber hinausgehende Mittel, wie z. B. die Begriffe und Prinzipien einer Logik der kausalen Modalitäten.

schneidende Konsequenzen: Diese Probleme werden *nicht* einer *neuen Lösung* zugeführt. Es wird *keine neue Variante von erschöpfenden oder einschränkenden Interpretationen* gegeben. *Vielmehr wird* REICHENBACHs *Problemstellung mit einem Schlage gegenstandslos. Weder* braucht man nicht verifizierte Aussagen über Elektronen etc. als *sinnlos* zu erklären *noch* ist es nötig, solche Aussagen mit einem *dritten Wahrheitswert* zu belegen *noch* muß man auf *Vorstellungsgemälde von der Art der Korpuskel- und Wellenbilder* — denn um *bloße Bilder* handelt es sich bei den sogenannten „erschöpfenden Interpretationen" — zurückgreifen. Man kann *alle* Aussagen, in denen Namen für Subatomares vorkommen, als sinnvoll zulassen. Man kann, wenn keine anderweitigen Gründe dagegen sprechen, weiterhin an der klassischen zweiwertigen Logik festhalten[53]. Und man kann auch eine erschöpfende Interpretation geben, *soweit es im Rahmen einer bloß partiell gedeuteten Theorie überhaupt als sinnvoll erscheint, von einer erschöpfenden Interpretation zu sprechen.* Es dürfte allerdings weniger irreführend sein, mit diesem letzteren Ausdruck überhaupt nicht mehr zu operieren. Was man allein zu tun hat, ist etwas rein Psychologisches: Man muß *Bilder* von sich wehren, die sich einem aufzudrängen drohen, wenn man an den „Elementarteilchenzoo" denkt. Man muß insbesondere erkennen, daß solche naiv-realistischen Fragestellungen wie: „was sind die Elektronen eigentlich für Dinge?" unzulässig sind, weil es unmöglich ist, Fragen über die Natur von Elektronen *außerhalb einer Theorie der Elektronen* auch nur zu stellen.

Anmerkung. Man kann die Frage aufwerfen, wieso REICHENBACH nach seinem ausgezeichneten Werk über die Philosophie der Raum-Zeit-Lehre eine wissenschaftstheoretisch so schwach fundierte und leicht angreifbare philosophische Deutung der Quantenmechanik entworfen hat. Darüber kann man dann nur Vermutungen anstellen. Doch lassen gewisse Ausführungen REICHENBACHs Rückschlüsse zu. Bei seiner ersten begrifflichen Differenzierung, nämlich bei der Unterscheidung in Normalsysteme und in solche Beschreibungssysteme, die nicht normal sind, dürfte sich REICHENBACH zu stark von einem *mathematischen Analogiemodell* haben leiten lassen. So z. B. erläutert er a. a. O., S. 31, erstmals diese beiden Begriffe an einem Beispiel aus der Differentialgeometrie (ähnliche Modellbeispiele finden sich an anderen Stellen des Buches): Krümmungseigenschaften lassen sich mit Hilfe der Eigenschaften von Koordinatensystemen beschreiben. Eine Ebene ist dadurch ausgezeichnet, daß man für sie ein die ganze Fläche bedeckendes orthogonales geradliniges System einführen kann; auf einer Kugel hingegen läßt sich ein solches System *nur für sehr kleine* Teilflächen und auch da *nur approximativ* einführen. Ein orthogonales geradliniges Koordinatensystem ist diesmal ein Normalsystem. Diese von REICHENBACH eingeführte Terminologie ist hier sicherlich sinnvoll. Im mathematischen Fall aber gibt es kein Analogon zu den *unbeobachteten* oder, wie im subatomaren Fall, sogar *unbeobachtbaren* Gegenständen. REICHENBACH übersieht, daß man vor der Einführung des Begriffs des Normal-

[53] Allerdings gibt es Gründe, eine von der klassischen Logik abweichende *Quantenlogik* zu konstruieren. Diese Gründe liegen aber erst dann offen zutage, wenn man die Unrichtigkeit einer REICHENBACH und NAGEL gemeinsamen Voraussetzung erkannt hat: der herkömmlichen Deutung der Unschärferelation.

systems zur Beschreibung nicht beobachteter (nicht beobachtbarer) Objekte die Frage beantwortet haben muß: „Ist es sinnvoll, von nichtbeobachteten (nicht beobachtbaren) Gegenständen *unter Abstraktion von jeglicher Theorie* zu sprechen?", daß die Antwort vermutlich verneinend ausfällt und daß sich damit die ganze Fragestellung ändert.

Bei der Unterscheidung zwischen Phänomenen und Interphänomenen hat sich REICHENBACH vermutlich zu stark von der *bildhaften Darstellung der Interferenzexperimente* leiten lassen und ist dadurch zu jener Art von Fragestellung gelangt, die wir als naiv-realistisch bezeichnen: „Was geht zwischen den an den Stellen A, B (bzw. B_1 und B_2) sowie C beobachtbaren Erscheinungen eigentlich vor sich?" Dieses Abgleiten ins Bildhafte hätte sich nicht ereignen können, wenn REICHENBACH sich ebenso wie CARNAP entschlossen hätte, *die materiale Sprechweise preiszugeben* und sie durch die *formale Sprechweise* zu ersetzen, in welcher nur mehr über die Ausdrücke der Wissenschaftssprache, insbesondere die deskriptiven Konstanten und Sätze, sowie über deren Interpretationen (vollständige oder partielle) geredet wird.

Schließlich hat sich REICHENBACH bei der Frage des Verhältnisses von uninterpretierter und physikalisch interpretierter Theorie von einem *weiteren Analogiemodell* leiten lassen: der Relation zwischen reiner (mathematischer) und angewandter (physikalischer) Geometrie. Die Deutung erfolgt hier in der Weise, daß sämtlichen Grundbegriffen der reinen Theorie physikalische Begriffe zugeordnet werden. Auch in allen übrigen Fällen muß nach REICHENBACHs Auffassung die empirische Deutung eine *vollständige* Deutung liefern. Dies entsprach ganz den damaligen Konzeptionen des Empirismus. Die Idee einer bloß *partiellen* Interpretation von Wissenschaftssprachen war zwar bereits in den Veröffentlichungen BRIDGMANs vorgezeichnet, ist jedoch erst viel später durch CARNAPs Aufsplitterung der Wissenschaftssprache in zwei Teilsprachen: die *theoretische Sprache* und die *Beobachtungssprache* mit den diese Sprachen verbindenden *Korrespondenzregeln* (*Zuordnungsregeln*) formal präzisiert worden. Für REICHENBACH hingegen blieb ein wissenschaftliches Begriffssystem, dessen Elemente *nur teilweise* mit empirischem Gehalt versehen sind, außerhalb der Reichweite dessen, was er sich vorzustellen vermochte.

Wir haben in der Diskussion zwischen REICHENBACH und NAGEL ein weiteres wichtiges Motiv für die Einführung einer Zweistufentheorie der Wissenschaftssprache kennengelernt. Wir dürfen jedoch auch diesmal nicht übersehen, daß dieses Motiv *nicht* in einem *strengen Nachweis* dafür bestand, man könne eine Theorie der subatomaren Elemente nicht anders denn als partiell gedeutete Theorie aufbauen.

5. Die Braithwaite-Ramsey-Vermutung

BRAITHWAITE war vermutlich der erste Autor, der ausdrücklich *auf der Grundlage einer logisch-systematischen Analyse* die Notwendigkeit für die Einführung theoretischer Begriffe, die sich nur partiell deuten lassen, aufzuzeigen versuchte[54]. Nach BRAITHWAITE ist es wichtig zu erkennen, daß ein modernes, deduktiv aufgebautes wissenschaftliches System primär *als ein*

[54] R. B. BRAITHWAITE, [Explanation], Kap. III.

Kalkül betrachtet werden muß, der erst *im nachhinein* eine Deutung erfährt. In der heute üblichen Terminologie könnte man dies so ausdrücken: Bei Betrachtung eines deduktiven wissenschaftlichen Systems ist der *syntaktische* Gesichtspunkt in den Vordergrund zu rücken. Die Frage der *semantischen* Deutungsmöglichkeit hat demgegenüber zurückzutreten; sie ist eine sekundäre Frage.

Braithwaite möchte diese These begründen. Es liegt auf der Hand, daß eine solche Begründung gegeben werden muß, da hier scheinbar die Standardauffassung über das Verhältnis von syntaktischer und semantischer Betrachtungsweise auf den Kopf gestellt wird. Die *Standardauffassung* läßt sich etwa so charakterisieren: In einer wissenschaftlichen Theorie wird der Versuch gemacht, eine Gesamtheit von wahren Sätzen oder *von wahren Propositionen über einen bestimmten Gegenstandsbereich* zu gewinnen. In einem späteren Stadium versucht man, die gewonnenen Erkenntnisse zu systematisieren, indem man die Theorie als axiomatisch-deduktives System, d. h. *als Kalkül K*, aufbaut. Für diesen Kalkül muß eine *semantische Rechtfertigung* gegeben werden. Diese Rechtfertigung besteht in dem Nachweis der *semantischen Adäquatheit von K*. Das soll bedeuten, daß *K* sowohl semantisch vollständig als auch semantisch korrekt ist. Die *semantische Vollständigkeit* von *K* liegt dann vor, wenn in *K sämtliche* wahren Sätze über das betreffende Gebiet aus den Axiomen ableitbar sind. Die *semantische Korrektheit* von *K* ist gegeben, wenn darin *nur* wahre Sätze über den Gegenstandsbereich ableitbar sind.

Nach dieser Standardauffassung hat also die semantische Betrachtungsweise den Vorrang vor der syntaktischen: Man rechtfertigt die Ableitbarkeit im Kalkül durch Rückgriff auf die Wahrheit und nicht umgekehrt. Diese Auffassung führt jedoch zu der folgenden Schwierigkeit: Es wird dabei die stillschweigende Voraussetzung gemacht, *daß alle in einem wissenschaftlichen System vorkommenden Sätze für sich verstanden werden*. Man kann dies auch so ausdrücken: Es wird vorausgesetzt, daß man die durch diese Sätze ausgedrückten Propositionen genau kennt; denn *in diesen Propositionen besteht die Bedeutung der Sätze*. Insbesondere müssen auch alle *in diesen Propositionen vorkommenden Begriffe* genau bekannt sein. Nur unter dieser Voraussetzung kann man in einem zweiten Schritt die *logischen Folgebeziehungen* zwischen diesen Propositionen betrachten und schließlich in einem dritten Schritt einen Kalkül aufzubauen versuchen, der diese Folgebeziehungen syntaktisch widerspiegelt, nämlich über Axiome und formale Ableitungsregeln.

Diese stillschweigend gemachte Voraussetzung ist jedoch in modernen naturwissenschaftlichen und auch in anderen Theorien nicht erfüllt. Daß dies häufig übersehen wird, beruht nach Braithwaite darauf, daß man geneigt ist, in eine psychologische Betrachtungsweise abzuschweifen: der *objektiv-wissenschaftliche Sinngehalt* von Sätzen und Prädikaten wird mit dem *subjektiv-psychologischen Sinn* dieser Ausdrücke verwechselt und auf der

Grundlage dieser Verwechslung entsteht die irrige Auffassung, als hätten diese Sätze und Prädikate eine *isolierte und unabhängige Bedeutung*. Nehmen wir etwa den Satz: „Jedes H-Atom besteht aus einem Elektron und einem Proton." Bei diesen Worten entsteht in mir z. B. das Bild von einem Kügelchen, das um ein anderes Kügelchen mit etwas größerer Masse kreist. Hat also dieser Satz, *für sich genommen*, einen Sinn? Die Antwort muß lauten: Nein. Dieses Spiel der Vorstellungen ist für die Art und Weise, *wie die in diesem Satz vorkommenden Prädikate in der Physik gebraucht werden*, völlig irrelevant. Die Ausdrücke „Elektron" und „Proton" können *nicht unabhängig von ihrer Stellung im physikalischen Kalkül* verstanden werden[55].

Nun ist es zwar richtig, daß dieser Kalkül *nicht nur* ein Kalkül sein kann; denn es soll sich ja um die Formalisierung *einer erfahrungswissenschaftlichen Theorie* handeln. Dazu muß der Kalkül wenigstens teilweise gedeutet werden. Von dieser Deutung oder Interpretation darf man sich kein zu primitives Bild machen. Jedenfalls erfolgt diese Interpretation *nicht* in der Weise, daß allen im Kalkül vorkommenden Formeln unmittelbar eigene Bedeutungen verliehen werden. Vielmehr ist die Interpretation ein Prozeß, der *in der umgekehrten Richtung* verläuft wie der Deduktionsprozeß innerhalb des Systems. Eine *unmittelbare* Bedeutung erhalten nur jene im System ableitbaren Sätze, die Propositionen über beobachtbare Objekte ausdrücken. Von da aus schreiten wir bezüglich der Interpretation zu höheren und höheren Schichten der Theorie fort, einschließlich solchen, in denen wir auf *theoretische Ausdrücke*, wie „Feldstärke", „Wellenfunktion", „Elektron", „Proton" etc. stoßen. Dieses Bild von einem Fortschreiten der Interpretation, welches zum Deduktionsprozeß gegenläufig ist, stellt zunächst bloß einen vagen Hinweis dar. Es besagt ja nicht mehr als folgendes: Den theoretischen Begriffen, d. h. den durch theoretische Terme bezeichneten Begriffen, wird eine *empirische* Bedeutung nur „irgendwie" dadurch verliehen, daß sie in Formeln bzw. in Sätzen vorkommen, welche durch den Kalkül mit jenen Formeln der niedersten Schicht verknüpft sind, die eine unmittelbare Bedeutung besitzen, da sie Aussagen über Beobachtbares darstellen.

Ebenso wie für die anderen Autoren stellt sich nun auch für BRAITHWAITE folgendes Problem: *Läßt sich genauer angeben, in welcher Weise die theoretischen Terme empirische Begriffe beinhalten?* In einer konkreten Anwendung: In welchem Sinn kann man behaupten, daß „Elektron" *ein empirischer Begriff* sei?

An dieser Stelle zitiert BRAITHWAITE die ältere empiristische Auffassung, die in klassischer Weise von B. RUSSELL formuliert worden ist[56]. Danach müssen alle theoretischen Begriffe als „logische Konstruktionen" aus beobachtbaren Ereignissen und beobachtbaren Objekten deutbar sein.

[55] Der Leser wird unmittelbar die Ähnlichkeit mit der Argumentationsweise von NAGEL gegen REICHENBACH erkennen.

[56] Zum Beispiel in seinem Buch [Mysticism], S. 155.

Aus der inhaltlichen in die formale Sprechweise übersetzt, heißt dies: Ein theoretischer Ausdruck (z. B. „Elektron") ist genau dann empirisch sinnvoll, wenn er mittels solcher Ausdrücke definierbar ist, die nur Beobachtbares zum Inhalt haben. Oder allgemeiner formuliert: Ein Satz, der einen theoretischen Ausdruck enthält, ist genau dann empirisch sinnvoll, wenn er in eine Aussage übersetzbar ist, in welcher nur solche Ausdrücke vorkommen, die unmittelbar beobachtbare Entitäten bezeichnen. So schwierig diese Übersetzung auch sein mag, sie muß im Prinzip stets möglich sein, wenn der theoretische Term etwas Sinnvolles zum Inhalt hat.

Dies ist aber nichts anderes als das ursprüngliche empiristische Programm. BRAITHWAITE meint, zeigen zu können, daß und warum dieses Projekt *prinzipiell fehlerhaft* sei. Er erwähnt[57], daß diese Erkenntnis erstmals von F. P. RAMSEY gewonnen worden sei und daß es ihm nur darum gehe, RAMSEYs Gedanken an einfachen Modellbeispielen zu explizieren. Mit RAMSEYs *Methode* der Behandlung theoretischer Terme werden wir uns in einem eigenen späteren Kapitel ausführlich beschäftigen. Gegenwärtig geht es uns darum, *sein Motiv für die Einführung theoretischer Begriffe* kennenzulernen sowie *seine Begründung für die These, daß die Leistung, welche solche Begriffe vollbringen, nicht in einer Sprache erbracht werden kann, in der auf diese Begriffe verzichtet wird.*

Wir nennen das im folgenden zu schildernde Argument daher das Braithwaite-Ramsey-Argument. Merkwürdigerweise ist dieses Argument relativ wenig beachtet worden, *obwohl es möglicherweise unter allen in diesem Kapitel erörterten Argumenten das stärkste ist.* Dies dürfte zwei Gründe haben. Der erste Grund ist folgender: BRAITHWAITE betont zwar, daß die von ihm gegebenen Beispiele wesentlich einfacher seien als die Beispiele RAMSEYs. Ungeachtet dieser Versicherung ist zu betonen, daß seine Darstellung sehr undurchsichtig ist. Er hat nämlich diese Darstellung in einen äußerst ungewöhnlichen und schwer zu durchschauenden Kalkül eingepackt, den er nicht im Detail schildert[58]. Der zweite Grund dürfte darin liegen, daß sich diejenigen, welche BRAITHWAITEs Überlegungen verfolgten, davon ein zu einfaches Bild machten. Als Beispiel führen wir kurz die Deutung von HEMPEL an[59].

HEMPEL meint, BRAITHWAITEs Auffassung im Prinzip durch folgendes Beispiel wiedergeben zu können: Angenommen, der Begriff der *Temperatur* werde in einem bestimmten Forschungsstadium allein durch Bezugnahme auf das Quecksilberthermometer gedeutet. Hier stehen wir vor einer

[57] A. a. O., S. 53.

[58] Es handelt sich um einen auf E. V. HUNTINGTON zurückgehenden Kalkül für die Boolesche Algebra. Dieser Kalkül ist von seinem Autor im Verlauf von fast dreißig Jahren mehrfach revidiert worden. BRAITHWAITE nimmt auf diese Revisionen bezug.

[59] Vgl. [Dilemma], in: [Aspects], S. 204f.

doppelten Alternative. *Entweder* wir interpretieren dieses beobachtungsmäßige Kriterium der Temperatur so, daß es nur eine hinreichende, *aber keine notwendige Bedingung* der Temperatur darstellt, so daß wir dem Quecksilberthermometer nur die Funktion zuerkennen, die Bedeutung von „Temperatur" *teilweise* festzulegen. Dann haben wir die Freiheit, *weitere partielle Deutungen* von „Temperatur" hinzuzufügen. Dadurch ermöglichen wir es, den Anwendungsbereich von Sätzen zu erweitern, z. B. der Gesetze, welche Temperatur und Länge eines metallischen Stabes miteinander verknüpfen, oder jener, welche einen Zusammenhang herstellen zwischen Temperatur und elektrischem Widerstand metallischer Objekte, oder der Gesetze, welche Temperatur, Druck und Volumen eines Gases miteinander in funktionelle Beziehung bringen. *Oder* aber wir interpretieren das „Thermometerkriterium" als *Definition* der Temperatur, also als etwas, das eine sowohl notwendige als auch hinreichende Bedingung der Temperatur darstellt. In diesem Fall sind Erweiterungen der Theorie von der erwähnten Art ausgeschlossen. Um allgemeinere Gesetze formulieren zu können, muß die ursprüngliche Definition zugunsten einer neuen, mit ihr unverträglichen ersetzt werden.

Hempel hält dieses Argument zugunsten nur partiell gedeuteter theoretischer Terme *nicht* für überzeugend. Er hebt erstens hervor, daß die angeblichen, von Braithwaite hervorgehobenen Schwierigkeiten überhaupt nicht für den Naturwissenschaftler, sondern höchstens für den Wissenschaftstheoretiker auftreten können, der sich um die *Explikation* dessen bemüht, was vor sich geht, wenn eine Theorie erweitert wird. Zweitens betont er, daß es ja *keinen logischen Fehler* darstelle, eine Theorie nicht in der Weise zu erweitern, daß zu den bereits vorliegenden partiellen Deutungen theoretischer Terme weitere partielle Deutungen hinzugefügt werden, sondern dadurch, *daß die ursprünglichen Definitionen durch neue Definitionen ersetzt werden.* Dem möglichen Einwand, daß dieses letztere Verfahren keine Erweiterung der ursprünglichen Theorie, sondern die Errichtung einer neuen Theorie darstelle, hält Hempel entgegen, daß es sich hierbei nicht mehr um ein methodologisches Problem, sondern nur um eine terminologische Frage handle.

Unter der Voraussetzung, daß Braithwaites Intention richtig wiedergegeben worden ist, müßte man Hempels Ausführungen beipflichten. Man könnte höchstens hervorheben, daß es *exakter* wäre, die Sachlage so zu schildern: Wenn man es ablehnt, von partiell interpretierten theoretischen Termen zu sprechen — also z. B. im obigen Fall die durch das Quecksilberthermometer festgelegte Methode *nur* als Definition zu betrachten gewillt ist —, dann kann man bei Vorliegen eines Wandels von der beschriebenen Art *nicht* sagen, daß der Anwendungsbereich der ursprünglichen Theorie erweitert worden ist. Vielmehr muß man sagen, daß eine *neue* Theorie gebildet worden sei, deren Grundbegriffe und (oder) definierte Begriffe Erweiterungen der Begriffe der ursprünglichen Theorie darstellen.

Nun ist aber die Voraussetzung vermutlich nicht zutreffend. Während nicht zu bestreiten ist, daß bestimmte Formulierungen BRAITHWAITES die obige Interpretation nahelegen, insbesondere die von HEMPEL a. a. O. zitierten Äußerungen BRAITHWAITES, *dürfte die eigentliche Intention von* BRAITHWAITE *und vermutlich auch von* RAMSEY *eine ganz andere gewesen sein.* Was diesen beiden Denkern vorschwebte, kann man so ausdrücken: *Durch die Einbeziehung theoretischer Terme, die eine bloß partielle Deutung erfahren, und nur durch sie gewinnt die Theorie eine prognostische Relevanz.* Dabei ist mit prognostischer Relevanz in diesem Zusammenhang *nicht* die Verwendbarkeit der Theorie für die Voraussage von *Einzelereignissen* gemeint. Vielmehr soll darunter *die Verwendbarkeit der Theorie für die Ableitung neuer empirischer Gesetze* verstanden werden. Auch CARNAP hat in seinem letzten Werk unter Bezugnahme auf die kinetische Wärmelehre, die Maxwellsche Theorie des Elektromagnetismus und vor allem die Relativitätstheorie Überlegungen zu diesem Punkt angestellt[60], wobei es sich aber bei CARNAPS Gedanken nur um Plausibilitätsbetrachtungen handelt, in denen *nicht* der Anspruch erhoben wird, *zur Einsicht zu bringen*, daß ein wissenschaftliches System nur unter Benutzung theoretischer Terme die Fähigkeit besitzt, neue empirische Gesetzmäßigkeiten vorauszusagen. *Gerade ein derartiger Beweis schwebte* BRAITHWAITE *bei seiner Rekonstruktion der Gedanken* RAMSEYS *vor.*

Größerer Deutlichkeit halber werden wir die theoretischen Terme in drei Klassen einteilen. Wenn eine Theorie, in der partiell interpretierte theoretische Begriffe vorkommen, *keine andere* Leistung vollbringt, als bereits bekannte Gesetze *in eleganter und einfacher Weise zusammenzufassen*, so wollen wir sagen, daß die darin vorkommenden theoretischen Begriffe (bzw. Terme) *explizit harmlos* sind. Die uns interessierenden Fälle betreffen wissenschaftliche Systeme, in denen nicht explizit harmlose theoretische Begriffe vorkommen.

Für einen solchen Fall soll in gewisser Analogie zum Vorgehen BRAITHWAITES ein einfaches Modell einer Theorie entworfen werden. Die Sprache der Theorie enthalte als deskriptive Konstante sechs einstellige Prädikate. Drei dieser Prädikate seien *empirische* Prädikate. Sie mögen A, B, C genannt werden. Die drei übrigen Prädikate seien die *theoretischen* Terme k, m, n. Die Prädikate werden extensional, d. h. als Mengenbezeichnungen, gedeutet. Die nichtdeskriptiven Konstanten seien das Gleichheitssymbol „=" sowie das Symbol „$\cap$" für die mengentheoretische Durchschnittsbildung. Variable x, y, z werden nur benötigt, um die drei üblichen Axiome für „$\cap$" zu formulieren:

$x \cap (y \cap z) = (x \cap y) \cap z$ (Assoziativität);

$x \cap y = y \cap x$ (Kommutativität);

$x \cap x = x$ (Idempotenz).

[60] [Physics], Kap. 23; vgl. insbesondere S. 231: „... the great value of the theory lies in its power to suggest new laws that can be confirmed by empirical means."

Die Einschlußrelation wird durch Definition eingeführt:

$$x \subseteqq y =_{\mathrm{Df}} x \cap y = x$$

Ohne explizite Angabe werde vorausgesetzt, daß für „=" sowohl das kommutative Gesetz gilt als auch das Prinzip der Substitutierbarkeit des Identischen (z. B. aus $x = y$ und $y \subseteqq z$ folgt: $x \subseteqq z$).

Der logisch-mathematische Teil der Theorie bestehe aus den drei angegebenen Axiomen, der Definition sowie den beiden für „=" als gültig vorausgesetzten Prinzipien.

Auf Grund bisheriger Beobachtungen sei man dazu gelangt, die beiden folgenden empirischen Gesetze E_1 und E_2, *jedoch keine weiteren*, hypothetisch anzunehmen:

$$(E_1) \quad A \cap B \subseteqq C; \qquad (E_2) \quad A \cap C \subseteqq B.$$

Diese empirischen Hypothesen geben zu der Vermutung Anlaß, daß die drei theoretischen Gesetze G_1, G_2 und G_3 gelten:

$$(G_1) \quad A = m \cap n; \qquad (G_2) \quad B = k \cap n; \qquad (G_3) \quad C = k \cap m.$$

Die Theorie T möge also aus dem logisch-mathematischen Teil bestehen, ferner aus den beiden *empirischen Gesetzen* E_1 und E_2 sowie den drei *theoretischen Gesetzen* G_1, G_2 und G_3. Von theoretischen Gesetzen sprechen wir deshalb, weil darin alle drei theoretischen Terme vorkommen.

Man erkennt leicht, daß bei der Formulierung dieser Theorie die Angabe der empirischen Gesetze *überflüssig* ist, da sie aus den theoretischen Gesetzen hergeleitet werden können. *Die Theorie leistet also eine deduktive Systematisierung der bisher gewonnenen Generalisationen.* Als Beispiel führen wir die Herleitung von E_1 aus den drei theoretischen Gesetzen an (der Buchstabe „L" beziehe sich auf den logisch-mathematischen Teil von T):

(1) $A \cap B = (m \cap n) \cap (k \cap n)$ aus (G_1) und (G_2),

(2) $A \cap B = k \cap m \cap n$ aus (1) und L,

(3) $k \cap m \cap n \subseteqq k \cap m$ nach Definition und L,

(4) $k \cap m = C$ aus (G_3),

(5) $A \cap B \subseteqq C$ aus (2), (3), (4) und L.

Analog läßt sich E_2 aus den drei theoretischen Gesetzen herleiten.

Wie leicht zu ersehen ist, sind die drei theoretischen Terme k, m und n *nicht explizit harmlos*. Wir haben ja vorausgesetzt, daß *nur* die beiden empirischen Gesetze E_1 und E_2 auf Grund von Beobachtungsbefunden als Hypothesen akzeptiert wurden. *Unsere Theorie besitzt daher im obigen Sinn eine prognostische Relevanz, da man aus ihr das folgende neue empirische Gesetz* E_3 *herleiten kann;*

$$(E_3) \quad B \cap C \subseteqq A.$$

(Zum Beweis hat man außer (3) nur die Tatsache zu benützen, daß auch der Durchschnitt von B und C gleich $k \cap m \cap n$ ist und wegen (G_1) A dasselbe ist wie $m \cap n$.)

Gleichzeitig stellen die drei Terme k, m und n *echte* theoretische Terme dar, *da sie innerhalb von* T *nicht definitorisch auf die drei Beobachtungsprädikate* A, B *und* C *zurückgeführt werden können.* Dies ergibt sich einfach daraus, daß die drei Gleichungen, in denen die drei theoretischen Gesetze bestehen, sich nicht nach k, m und n „auflösen" lassen. Diese drei Prädikate sind also auf der Basis der drei empirischen Prädikate *nicht vollständig gedeutet* worden.

Was lehrt dieses Modell? Prima facie lehrt es dies: *Eine rein empirische, d. h. nur Beobachtungsterme enthaltende Theorie, die bloß aus empirischen Gesetzen besteht* (in unserem Beispiel bestünde diese Theorie aus der Konjunktion von E_1 und E_2) *und die keine prognostische Relevanz besitzt, kann zu einer pronostisch relevanten Theorie verstärkt werden, indem man geeignete theoretische Terme hinzufügt und geeignete theoretische Gesetze formuliert, aus denen die bekannten empirischen Gesetze ableitbar sind.*

Trotzdem wollen wir in einem Fall wie diesem sagen, daß die eingeführten theoretischen Begriffe (Terme) *implizit harmlos* sind. Damit soll folgendes gemeint sein: *Durch Verstärkung des logisch-mathematischen Apparates der Theorie kann man erreichen, daß die theoretischen Terme mittels der Beobachtungsprädikate definierbar werden.*

Nennen wir eine Theorie, in welcher nur der logisch-mathematische Apparat der ursprünglichen Theorie verstärkt wurde, in der also keine zusätzlichen deskriptiven Konstanten und keine zusätzlichen empirischen oder theoretischen Gesetze vorkommen, *eine logisch-mathematische Erweiterungstheorie* der Originaltheorie. Dann können wir schärfer definieren: Theoretische Terme, die in einer Originaltheorie vorkommen und die nicht explizit harmlos sind, nennen wir *implizit harmlos*, wenn eine logisch-mathematische Erweiterungstheorie der Originaltheorie existiert, in welcher die theoretischen Terme der Originaltheorie mit Hilfe von Beobachtungstermen definiert werden können.

Um für unser Modell die Behauptung über die implizite Harmlosigkeit der drei theoretischen Terme zu beweisen, genügt es, eine logisch-mathematische Erweiterungstheorie T^* von T zu konstruieren, welche die eben angeführten Bedingungen erfüllt. Dazu fügen wir als einziges zusätzliches nichtdeskriptives Zeichen das Symbol „$\cup$" für die Vereinigung hinzu. Der logisch-mathematische Teil von T^* bestehe aus demjenigen von T sowie aus vier weiteren Axiomen. Drei dieser Axiome besagen für die Vereinigungsoperation das Analoge wie die drei Axiome für „$\cap$", nämlich die Assoziativität, die Kommutativität und die Idempotenz. Schließlich wird noch das folgende Distributivitätsprinzip hinzugefügt:

$$(x \cup y) \cap z = (x \cap z) \cup (y \cap z)$$

sowie die Regel, daß aus $x \subseteq y$ und $y \subseteq x$ auf $x = y$ geschlossen werden darf.

Das theoretische Gerüst von T^* wird ferner durch die Hinzufügung von drei Definitionen verstärkt:

(D_1) $k =_{Df} B \cup C$,

(D_2) $m =_{Df} A \cup C$,

(D_3) $n =_{Df} A \cup B$.

Der Nachweis für die Adäquatheit dieser drei Definitionen wird durch die Herleitung der drei Gesetze G_1, G_2 und G_3 aus E_1, E_2 und E_3 erbracht. Die Herleitung von G_1 z. B. sieht so aus:

(1) $m \cap n = (A \cup C) \cap (A \cup B)$ aus D_2 und D_3,

(2) $= (A \cap (A \cup B)) \cup (C \cap (A \cup B))$ nach dem Distributivitätsprinzip durch Einsetzung von „$A \cup B$" für „z",

(3) $= (A \cap A) \cup (A \cap B) \cup (C \cap A) \cup (C \cap B)$ aus (2) durch nochmalige Anwendung des Distributivitätsprinzips sowie weiterer Prinzipien von L,

(4) $= A \cup (B \cap C)$ aus (3) durch L,

(5) $B \cap C \subseteq A$ dies ist genau E_3,

(6) $m \cap n = A$ aus (4), (5) und L.

Die Herleitungen von G_2 und G_3 erfolgen analog.

Welche wissenschaftstheoretische Charakterisierung von T^* ergibt sich aus diesem Resultat? Vor allem die, daß T^* *eine rein empirische Theorie* ist. *Sie enthält überhaupt keine theoretischen Terme und daher auch keine theoretischen Gesetze.* Wegen der drei Definitionen (D_1) bis (D_3) sind ja jetzt die drei Terme k, m und n keine Basisterme mehr, sondern haben sich in *definierte* Terme verwandelt. Die einzigen deskriptiven Primitivterme bilden die drei *empirischen* Prädikate A, B und C. Die drei *empirischen* Gesetze E_1, E_2 und E_3 bilden jetzt die Grundgesetze *und zwar die einzigen.* Denn die Analoga zu den ursprünglichen drei theoretischen Gesetzen G_1, G_2 und G_3 sind jetzt zu *Theoremen* geworden, die aus den drei empirischen Grundgesetzen herleitbar sind. Von bloßen „Analoga" zu den ursprünglichen theoretischen Gesetzen sprechen wir deshalb, weil die neuen Gesetze zwar äußerlich dieselbe Form haben wie die alten, sich jedoch in bezug auf den Gehalt geändert haben: In der Originaltheorie T waren die G_i $(i = 1, \ldots, 3)$ nicht voll interpretierbare theoretische Prinzipien, in T^* wurden sie zu empirischen Gesetzen, die erstens aus den Grundgesetzen herleitbar sind und die zweitens nur mehr Beobachtungsterme enthalten.

Durch dieses Beispiel wird zugleich folgender allgemeiner Sachverhalt illustriert: *Es kann der Fall sein, daß theoretische Terme einer Originaltheorie durch Konstruktion einer logisch-mathematischen Erweiterungstheorie den Status von Beobachtungstermen erhalten, weil sie innerhalb der Erweiterungstheorie definitorisch auf die Beobachtungsterme zurückführbar sind.* Besaß die Originaltheorie außerdem prognostische Relevanz, so ist damit genau der Fall der impliziten Harmlosigkeit der theoretischen Terme gegeben.

BRAITHWAITEs These kann nun so formuliert werden: *In allen interessanten Fällen naturwissenschaftlicher Theorien sind wenigstens einige theoretische Terme nicht nur nicht explizit harmlos, sondern nicht einmal implizit harmlos.*

Dies bedeutet insbesondere: (1) die fraglichen Theorien sind von prognostischer Relevanz im früher angegebenen Sinn; (2) die in ihnen vorkommenden theoretischen Terme können nicht alle durch Verstärkung des logisch-mathematischen Apparates in adäquater Weise auf die Beobachtungsterme definitorisch zurückgeführt werden („in adäquater Weise" soll dabei besagen: „auf solche Weise, daß die theoretischen Prinzipien der Originaltheorie zu empirischen Prinzipien der abgeleiteten Theorie werden").

Wir nennen diese These die Braithwaite-Ramsey-Vermutung. Soweit man feststellen kann, ist für diese Vermutung bisher kein strenger Beweis erbracht worden. Die Vermutung wurde aber hier in so präziser Gestalt formuliert, daß ein Beweis (oder eine Widerlegung) der Vermutung *denkbar* ist. Sollte ein Beweis gelingen, *so wäre dies das stärkste, nämlich das überzeugendste Argument zugunsten der Einführung theoretischer Begriffe.* Denn es wäre damit gezeigt worden, daß Theorien in „nichttrivialen" Fällen *nur* durch Verwendung theoretischer Begriffe eine prognostische Relevanz besitzen können[61].

---

[61] Aus dem Text von BRAITHWAITEs Buch ist nicht klar zu entnehmen, ob BRAITHWAITE der Meinung ist, er hätte diese Vermutung bereits bewiesen. Sollte dies der Fall sein, so wäre er zweifellos einem Irrtum zum Opfer gefallen.

Bibliographie

Studienausgabe *Teil B*

AYER, A. J. [Language], *Language, Truth, and Logic*, London 1958.

BARNER, M. [Differentialrechnung], *Differential- und Integralrechnung I*, Berlin 1963.

BAUMRIN, B. (Hrsg.), *Philosophy of Science. The Delaware Seminar:* Bd. I (1961–1962) New York 1963, Bd. II (1962–1963), New York 1963.

BERGMANN, G., "Comments on Storer's Definition of 'Soluble' ", in: Analysis Bd. 12 (1951), S. 44–48.

BRAITHWAITE, R. B. [Explanation], *Scientific Explanation*, Cambridge, England 1953.

CARNAP, R. [Logischer Aufbau], *Der logische Aufbau der Welt*, Berlin 1928, Neuauflage Hamburg 1961 (zusammen mit: "Scheinprobleme in der Philosophie").

CARNAP, R. [Überwindung der Metaphysik], "Überwindung der Metaphysik durch logische Analyse der Sprache", in: Erkenntnis Bd. 2 (1931), S. 219–241.

CARNAP, R. [Testability], "Testability and Meaning", in: Philosophy of Science Bd. 3 (1936) und Bd. 4 (1937); teilweise abgedruckt in: FEIGL, H., and M. BRODBECK (1953); selbständig erschienen: New Haven 1954.

CARNAP, R. [Einführung], *Einführung in die symbolische Logik mit besonderer Berücksichtigung ihrer Anwendungen*, 3. Auflage Wien 1968.

CARNAP, R. [Theoretical Concepts], "The Methodological Character of Theoretical Concepts", in: FEIGL, H., and M. SCRIVEN (1956), S. 38–76.

CARNAP, R. [Carnap], *The Philosophy of Rudolf Carnap*, SCHILPP, P. A. (Hrsg.), La Salle, Ill., 1963.

CARNAP, R. [Physics], *Philosophical Foundations of Physics*, GARDNER, M. (Hrsg.), New York-London 1966 (deutsch: *Einführung in die Philosophie der Naturwissenschaft*, München 1969).

CHURCH, A. [Ayer], Review of Ayer [Language], in: Journal of Symbolic Logic Bd. 14 (1949), S. 52–53.

EINSTEIN, A., *Grundzüge der Relativitätstheorie*, Neuauflage Braunschweig 1956.

EINSTEIN, A., *Geometrie und Erfahrung*, Berlin 1921.

FEIGL, H., and W. SELLARS (Hrsg.), *Readings in Philosophical Analysis*, New York 1949.

FEIGL, H., and M. BRODBECK, (Hrsg.), *Readings in the Philosophy of Science*, New York 1953.

FEIGL, H., and G. MAXWELL (Hrsg.), *Current Issues in the Philosophy of Science*, New York 1961.

FEIGL, H., and M. SCRIVEN (Hrsg.), *Minnesota Studies in the Philosophy of Science:* Bd. I, Minneapolis 1956.

FEIGL, H., and G. MAXWELL (Hrsg.), *Minnesota Studies in the Philosophy of Science:* Bd. III, Minneapolis 1962.

GOODMAN, N. [Appearance], *The Structure of Appearance*, Cambridge, Mass. 1951, 2. Auflage New York 1966.

GOODMAN, N. [Forecast], *Fact, Fiction, and Forecast*, Cambridge, Mass. 1955, 2. Auflage Indianapolis-New York-Kansas City 1965.

GORSKIJ, D. P., *Voprosy abstrakcii i obrazovanije pontjatij*, Moskva 1961.

GORSKIJ, D. P. [Arten der Definition], "Über die Arten der Definition und ihre Bedeutung in der Wissenschaft", in: *Studien zur Logik der wissenschaftlichen Erkenntnis*, Berlin 1967.

HEMPEL, C. G. [Reconsideration], "The Concept of Cognitive Significance: A Reconsideration", in: Proceedings of the American Academy of Arts and Sciences Bd. 80 (1951), S. 61–77.

HEMPEL, C. G. [Fundamentals], *Fundamentals of Concept Formation in Empirical Science*, Chicago 1952.

HEMPEL, C. G. [Changes], "Problems and Changes in the Empiricist Criterion of Meaning", in: LINSKY, L. (1952), S. 163–185.

HEMPEL, C. G. [Dilemma], "The Theoretician's Dilemma: A Study in the Logic of Theory Construction", in: HEMPEL, C. G. [Aspects], S. 173–228.

HEMPEL, C. G. [Carnap's Work], "Implications of Carnap's Work for the Philosophy of Science", in: CARNAP, R. [Carnap], S. 685–710.

HEMPEL, C. G. [Aspects], *Aspects of Scientific Explanation*, New York 1965.

LINSKY, L. (Hrsg.), *Semantics and the Philosophy of Language*, Urbana 1952.

NAGEL, E., "Hans Reichenbach, Philosophical Foundations of Quantum Mechanics", in: The Journal of Philosophy Bd. 42 (1945), S. 437–444.

NAGEL, E., "Professor Reichenbach on Quantum Mechanics: A Rejoinder", in: The Journal of Philosophy Bd. 43 (1946), S. 247–250.

O'CONNOR, D. J. [Ayer's Verification Principle], "Some Consequences of Professor Ayer's Verification Principle", in: Analysis Bd. 10 (1950), S. 67–72.

PAP, A. [Erkenntnistheorie], *Analytische Erkenntnistheorie*, Wien 1955.

PRZEŁECKI, M. [Operacyjnych], "O twz. definicjach operacyjnych", in: Studia logica, T. III, Warszawa 1955.

REICHENBACH, H. [Axiomatik], *Axiomatik der relativistischen Raum-Zeit-Lehre*, Neuauflage Braunschweig 1965.

REICHENBACH, H., "Quantum Mechanics", in: The Journal of Philosophy Bd. 43 (1946), S. 239–247.

REICHENBACH, H. [Quantenmechanik], *Philosophische Grundlagen der Quantenmechanik*, Basel 1949 (Übersetzung der englischen Ausgabe: *Philosophical Foundations of Quantum Mechanics*, Berkeley 1948).

REICHENBACH, H. [Nomological], *Nomological Statements and Admissible Operations*, Amsterdam 1954.

RUSSELL, B. [Mysticism], *Mysticism and Logic and Other Essays*, 9. Auflage, London 1950 (deutsch: *Mystik und Logik*, Wien-Stuttgart 1952).

SCHEFFLER, I. [Prospects], "Prospects of a Modest Empiricism", in: The Review of Metaphysics Bd. 10 (1956/57), S. 383–400 und S. 602–625.

SCHEFFLER, I. [Anatomy], *The Anatomy of Inquiry: Philosophical Studies in the Theory of Science*, New York 1963.

SCHILPP, P. A., siehe: CARNAP, R. [Carnap].

STEGMÜLLER, W. [Semantik], *Das Wahrheitsproblem und die Idee der Semantik*, Wien 1957, 2. Auflage 1968.

STEGMÜLLER, W. [Phänomenalismus], "Der Phänomenalismus und seine Schwierigkeiten", in: Archiv für Philosophie (1958), S. 36–100; abgedruckt im Sammelband: STEGMÜLLER, W., *Der Phänomenalismus und seine Schwierigkeiten. Sprache und Logik*, Darmstadt 1969.

STEGMÜLLER, W. [Gegenwartsphilosophie], *Hauptströmungen der Gegenwartsphilosophie*, 4. Auflage, Stuttgart 1969.

STEGMÜLLER, W. [Metaphysik], *Metaphysik, Skepsis, Wissenschaft*, 2. Auflage mit neuer Einleitung, Berlin-Heidelberg-New York 1969.

STEGMÜLLER, W. [Erklärung und Begründung], *Wissenschaftliche Erklärung und Begründung. Probleme und Resultate der Wissenschaftstheorie und Analytischen Philosophie I*, Berlin-Heidelberg-New York 1969.

STORER, T. [Soluble], "On Defining 'Soluble' ", in: Analysis Bd. 11 (1951) S. 134–137.

STORER, T., "On Defining 'Soluble'. Reply to Bergmann", in: Analysis Bd. 14 (1953), S. 123–126.

SUPPES, P. [Set Theory], *Axiomatic Set Theory*, New York 1960.

9 783540 050209